U0586085

AutoCAD 2011

机械设计与制作

标准实训教程

◎ 洪涛涛 闫军 陈建领 编著

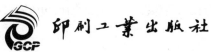

印刷工业出版社

内容提要

本书由浅入深地讲解了AutoCAD 2011在机械设计应用中的基础知识，内容分十二个模块，主要介绍机械中常见几类零件的创建过程。包括设计制作垫片类零件、杆类零件、轴承类零件、法兰类零件、叉架类零件、轴类零件、端盖类零件、轮盘类零件、齿轮类零件、管件类零件、箱体类零件和装配图的绘制。在绘图过程中分别介绍了CAD常用知识点和机械专业知识，使读者在学习软件知识的同时掌握专业知识。

本书内容丰富，图文并茂，可作为本科与高职高专院校理工类专业，尤其是机械设计相关专业学习AutoCAD课程的教材，也适合从事机械设计的专业技术人员参考阅读，亦可供初学者和培训班使用。

图书在版编目（CIP）数据

AutoCAD 2011机械设计与制作标准实训教程/洪涛涛，闫军，陈建领编著.
－北京：印刷工业出版社，2011.9
ISBN 978－7－5142－0260－1

Ⅰ.A… Ⅱ.①洪…②闫…③陈… Ⅲ.机械设计－AutoCAD软件－教材 Ⅳ.TP391.41

中国版本图书馆CIP数据核字(2011)第148754号

AutoCAD 2011机械设计与制作标准实训教程

编　　著：洪涛涛　闫　军　陈建领

责任编辑：赵　杰

执行编辑：周　蕾　　　　　　　　责任校对：郭　平

责任印制：张利君　　　　　　　　责任设计：张　羽

出版发行：印刷工业出版社（北京市翠微路2号 邮编：100036）

网　　址：www.keyin.cn　　pprint.keyin.cn

网　　店：//shop36885379.taobao.com

经　　销：各地新华书店

印　　刷：三河市国新印装有限公司

开　　本：787mm×1092mm　　1/16

字　　数：380千字

印　　张：16.5

印　　数：1～3000

印　　次：2011年9月第1版　　2011年9月第1次印刷

定　　价：39.00元

ＩＳＢＮ：978－7－5142－0260－1

如发现印装质量问题请与我社发行部联系　　发行部电话：010－88275602

丛书编委会

主任：曹国荣

副主任：赵鹏飞

编委（或委员）：（按照姓氏字母顺序排列）

前言 preface

AutoCAD 是由美国 Autodesk 公司开发的计算机辅助设计软件，它易于掌握、使用方便、体系结构开放，能够绘制二维与三维图形、标注尺寸、渲染图形、输入输出打印图纸以及进行联网开发等，该款软件广泛应用于机械、电子、建筑等领域。目前，在中国范围内，虽然各种 CAD 软件不断从世界各国引进，这些后起之秀虽然在不同的方面有很多优秀而卓越的功能，但是 AutoCAD 毕竟历经过市场风雨的考验，老而弥坚，以其开放性的平台和简单易行的操作方法早已成为工程设计人员心目中的一座的丰碑。

AutoCAD 2011 大大提高了用户开发效率。AutoCAD 2011 软件拥有更快的处理速度和更高的精确性，新增或增强了用户界面、快速属性、图纸布局的查看、快速浏览器图层、动作记录器、快速访问工具栏、三维导航工具等功能，提高了绘图工作效率。

机械行业作为一门古老而成熟的学科，在其发展长河中走过了很多具有里程碑意义的转折点，今天的机械设计从理论到应用都发展得非常完善。但是，随着以计算机为代表的信息技术以迅雷不及掩耳之势飞速发展，机械设计这门古老的学科又焕发了青春。这就是计算机辅助设计（CAD）技术在机械设计中的应用。最早进行系统开发，目前在世界范围内应用最广泛的 CAD 软件就是 AutoCAD。

本书全面地介绍 AutoCAD 2011 机械设计与制图的基本技能，并以大量具有典型代表性的专业级机械图例来讲解 AutoCAD 机械设计与制图的方法和技巧。学完本书之后，力求让读者能够独立进行机械图纸的绘制工作，并能够快速进行系统配置和 AutoCAD 系统的二次开发。

本书共十二个模块，包括设计制作垫片类零件、杆类零件、轴承类零件、法兰类零件、轴类零件、端盖类零件、叉架类零件、齿轮类零件、管件类零件、箱体类零件和装配图的绘制。本书中的十二个模板中的每个实例都包括操作步骤详解、软件知识详解和专业知识详解，有助于读者在快速理解每个实例的特点，从而帮助读者通过这些实例的学习，尽快掌握 AutoCAD 2011 的主要功能，举一反三，为其他机械零件的绘制打下良好的基础，提高读者的计算机辅助设计能力。

本书适合读者

◆ 大中专院校或社会培训机构学生。
◆ 有志于跨入机械行业的自学者。
◆ 机械行业的企业工人。

本书特色

本书在知识讲解上力求新颖、由浅入深、紧扣行业标准、重点突出、案例实用、图解明析，使使用软件方法的学习融于具体的案例中。本书通过精挑细选的典型案例，讲解了机械图绘制操作的次序与技巧，能够开拓读者思路，使其掌握方法，提高对知识综合运用的能力。通过对本书内容的学习、理解和掌握，能使读者真正具备绘图操作员的水平和素质。

本书由洪涛涛、闫军、陈建领编著。由于作者水平有限，加上创作时间仓促，疏漏之处在所难免，希望广大作者和同行提出批评指正。

编　者

2011 年 6 月

目录 Contents

模块 01

设计制作垫片类零件
——基本绘图命令

能力目标

1. 掌握一般垫片类零件的绘制
2. 能利用绘图命令绘制简单的图形

专业知识目标

1. 了解垫片的设计说明
2. 了解油泵垫片

软件知识目标

1. 掌握基本文件操作
2. 掌握基本绘图命令

课时安排

2课时（讲课1课时，练习1课时）

模拟制作任务

任务 1 绘制油泵垫片

任务参考效果图

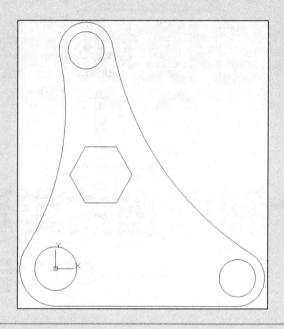

任务背景

本实例为某厂生产的油泵上装配用的垫片。油泵垫片属于垫片类零件，它和其他零件一起装配所垫的环片，用来结合的两个零件不因为彼此的接触而伤害零件或机件本身，同时还让锁定程度紧密，也方便拆卸。本零件是专门为油泵结合部所用垫片，除具有通用垫片的要求外还需具有密封的作用，所以垫片所用材料硬度要小于泵体材料，以便在拧紧后使泵体结合紧密达到密封效果。

任务要求

由于此零件是油泵内零件，对密封性能要求较高。该零件三端是可以穿过螺栓的孔。所以本案例要求的尺寸精度较高。油泵垫片中间六边形孔为支架穿过部分。本零件为冲压件，在加工中一次冲压成型两个。经冲压成型后，再经过部分精加工即可保证零件的使用要求。

任务分析

油泵垫片的绘制过程是比较简单的二维图形的集合。在本实例中主要是绘制相切圆和使用剪切部分有些难度。本实例的制作思路：首先绘制三对同心圆，然后利用相切的关系绘制圆，接着通过【修剪】命令生成圆弧，最后再绘制油泵垫片的内部部分。

制作流程及难点

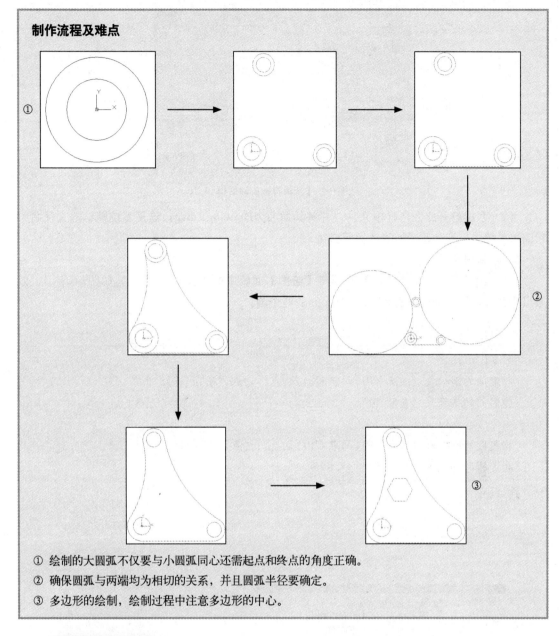

① 绘制的大圆弧不仅要与小圆弧同心还需起点和终点的角度正确。

② 确保圆弧与两端均为相切的关系，并且圆弧半径要确定。

③ 多边形的绘制，绘制过程中注意多边形的中心。

🡒 操作步骤详解

1. 新建文件

（1）单击快速访问工具栏中的【新建】① 命令 🗋，如图1-1所示，弹出如图1-2所示的【选择样板】对话框，在对话框中选择 " 🗋 acadiso.dwt " 样板，单击【打开】按钮。

单击

图1-1 单击【新建】命令

图1-2 【选择样板】对话框

（2）系统打开此图形样板文件，并将其命名为Drawing1.dwg，这是系统默认的文件名，它随着系统中打开的新图形的数目而变化。

2．绘制图形

（1）绘制圆。单击【常用】选项卡【绘图】面板中的【圆】[2]命令◎，如图1-3所示，以原点为圆心，绘制半径分别为7mm和12mm的两个圆。

命令行操作与提示如下。

```
命令: circle
指定圆的圆心或 [三点(3P)/两点(2P)/切点、切点、半径(T)]: 0,0
指定圆的半径或 [直径(D)]: 7
命令: circle
指定圆的圆心或 [三点(3P)/两点(2P)/切点、切点、半径(T)]: 0,0
指定圆的半径或 [直径(D)] <7.0000>: 12
```

结果如图1-4所示。

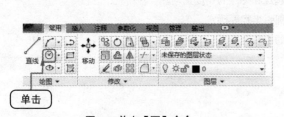

图1-3 单击【圆】命令

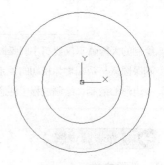

图1-4 绘制圆

（2）绘制圆。继续使用【圆】命令以（10，70）与（60，-3）为圆心，绘制半径分别为6mm和9mm的四个圆。

命令行操作与提示如下。

```
命令: circle
指定圆的圆心或 [三点(3P)/两点(2P)/切点、切点、半径(T)]: 10,70
```

```
指定圆的半径或 [直径(D)]: 6
命令: circle
指定圆的圆心或 [三点(3P)/两点(2P)/切点、切点、半径(T)]: 10, 70
指定圆的半径或 [直径(D)] <6.0000>: 9
命令: circle
指定圆的圆心或 [三点(3P)/两点(2P)/切点、切点、半径(T)]: 60, -3
指定圆的半径或 [直径(D)]: 6
命令: circle
指定圆的圆心或 [三点(3P)/两点(2P)/切点、切点、半径(T)]: 60, -3
指定圆的半径或 [直径(D)] <6.0000>: 9
```

结果如图1-5所示。

图1-5　绘制圆

（3）绘制直线。单击【常用】选项卡【绘图】面板中的【直线】[3]命令 ，如图1-6所示，绘制起点为（0, -12），终点为（60, -12）的一条水平直线。

命令行操作与提示如下。

```
命令: line
指定第一点: 0, -12
指定下一点或 [放弃(U)]: 60, -12
```

结果如图1-7所示。

单击

图1-6　单击【直线】命令

图1-7　绘制直线

(4) 绘制相切的圆。单击【常用】选项卡【绘图】面板中的【相切，相切，半径】命令，如图1-8所示，分别单击半径为9mm的两个圆，然后输入半径为100mm，绘制与两圆相切半径为100mm的圆；继续使用【相切，相切，半径】命令，分别单击上方半径为9mm的圆与左下角半径为12mm的圆，然后输入半径为80mm，绘制与两圆相切半径为100mm的圆。

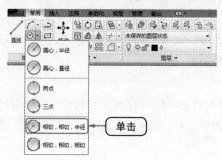

图1-8 单击【相切，相切，半径】命令

命令行操作与提示如下。

命令: circle 指定圆的圆心或 [三点(3P)/两点(2P)/切点、切点、半径(T)]: t
指定对象与圆的第一个切点:（选择上方半径为9mm的圆）
指定对象与圆的第二个切点:（选择右下方半径为9mm的圆）
指定圆的半径 <9.0000>: 100
命令: circle 指定圆的圆心或 [三点(3P)/两点(2P)/切点、切点、半径(T)]: t
指定对象与圆的第一个切点:（选择上方半径为9mm的圆）
指定对象与圆的第二个切点:（选择左下方半径为12mm的圆）
指定圆的半径 <100.0000>: 80

结果如图1-9所示。

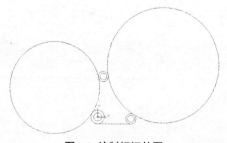

图1-9 绘制相切的圆

(5) 修剪图形。单击【常用】选项卡【修改】面板中的【修剪】命令，如图1-10所示，首先选择半径为9mm的两个圆，按[Enter]键确认，然后单击半径为100mm圆的右半部分，修剪掉半径为100mm圆多余的线条。利用同样的步骤修剪掉半径为80mm圆的左半部分。

图1-10 单击【修剪】命令

命令行提示和操作如下。

> 命令: trim
>
> 当前设置:投影=UCS，边=无
>
> 选择剪切边...
>
> 选择对象或 <全部选择>:（选择半径为9mm的两个圆）
>
> 选择要修剪的对象，或按住<Shift>键选择要延伸的对象，或
>
> [栏选(F)/窗交(C)/投影(P)/边(E)/删除(R)/放弃(U)]:（单击半径为100mm圆的右半部分）
>
> 命令: trim
>
> 当前设置:投影=UCS，边=无
>
> 选择剪切边...
>
> 选择对象或 <全部选择>:（选择上方的半径为9mm的圆与半径为12mm的圆）
>
> 选择要修剪的对象，或按住<Shift>键选择要延伸的对象，或
>
> [栏选(F)/窗交(C)/投影(P)/边(E)/删除(R)/放弃(U)]:（单击半径为80mm圆的左半部分）

结果如图1-11所示。

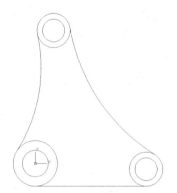

图1-11　修剪结果

（6）修剪图形。单击【常用】选项卡【修改】面板中的【修剪】命令，首先选择半径为100mm、半径为80mm的两个圆弧和下方的水平直线，按【Enter】键确认，然后单击上方的半径为9mm圆的下半部分、左下方半径为12mm圆的右半部分和右下方半径为9mm圆的左半部分，修剪此圆多余的线条。

命令行提示和操作如下。

> 命令: trim
>
> 当前设置:投影=UCS，边=无
>
> 选择剪切边...
>
> 选择对象或 <全部选择>:（选择半径为100mm、半径为80mm的两个圆弧和下方的水平直线）
>
> 选择要修剪的对象，或按住<Shift>键选择要延伸的对象，或[栏选(F)/窗交(C)/投影(P)/边(E)/删除(R)/放弃(U)]:（单击上方的半径为9mm圆的下半部分、左下方半径为12mm圆的右半部分和右下方半径为9mm圆的左半部分）

结果如图1-12所示。

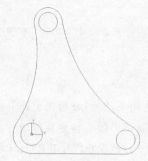

图1-12　修剪结果

（7）绘制正六边形。单击【常用】选项卡【绘图】面板中的【多边形】命令，如图1-13所示，以坐标（15，30）为正多边形中心绘制正六边形，此六边形外切于半径为9mm的圆。

图1-13　单击【多边形】命令

命令行操作与提示如下。

```
命令: polygon
输入边的数目 <4>: 6
指定正多边形的中心点或 [边(E)]: 15,30
输入选项 [内接于圆(I)/外切于圆(C)] <I>: c
指定圆的半径: 9
```

结果如图1-14所示。

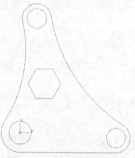

图1-14　绘制正六边形

3．保存文件

单击快速访问工具栏中的【保存】命令，如图1-15所示，弹出如图1-16所示的【图形另存为】对话框，在对话框的【文件名】文本框中输入"油泵垫片.dwg"，单击【保存】按钮。

图1-15 单击【保存】命令　　　　　　　　图1-16 【图形另存为】对话框

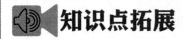

知识点拓展

〖 1 〗新建（new）

执行此命令，弹出【选择样板】对话框，如图1-17所示。从该对话框中可以浏览本地和网络驱动器、FTP 站点以及 Web 文件夹来选择文件。

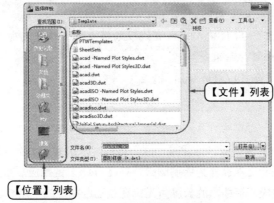

图1-17 【选择样板】对话框

下面介绍【选择样板】对话框。

◆ 【位置】列表：提供对预定义位置的快速访问。可以通过将【位置】列表中的图标拖至新位置来重新排列图标。要向【位置】中添加新图标，请从该列表中拖动文件夹。在【位置】上右击将显示快捷菜单，此菜单具有添加、删除和修改图标选项，或恢复已删除的默认图标选项的功能。对【位置】列表所做的修改将会影响所有标准的文件选择对话框。

◆ 【文件】列表：显示位于当前路径并属于选定文件类型的文件和文件夹。

◆ 【返回】⇐：返回到上一个文件位置。

◆ 【上一级】🖿：回到当前路径树的上一级。

◆ 【搜索Web】🔍：弹出【浏览Web】对话框，使用此对话框可以访问和存储 Internet 上的文件。

◆ 【删除】✕：删除选定的文件或文件夹。

◆ 【创建新文件夹】：用指定的名称在当前路径中创建一个新文件夹。

◆ 【文件名】：显示【文件】列表中选择的文件的名称。

◆ 【文件类型】下拉列表框：按文件类型过滤文件列表。

〖 2 〗圆（circle，快捷命令c）

执行此命令，命令行提示如下

> 指定圆的圆心或 [三点(3P)/两点(2P)/切点、切点、半径(T)]：（指定点或输入选项）

选项说明如下。

◆ 【圆心】：基于圆心和直径（或半径）绘制圆。

◆ 【三点】：基于圆周上的三点绘制圆。

◆ 【两点】：基于圆直径上的两个端点绘制圆。

◆ 【相切，相切，半径】：基于指定半径和两个相切对象绘制圆。

〖 3 〗直线（line，快捷命令l）

执行此命令，命令行提示如下。

> 指定第一点：输入直线段的起点坐标或在绘图区单击指定点
>
> 指定下一点或 [放弃(U)]：输入直线段的端点坐标，或利用光标指定一定角度后，直接输入直线的长度
>
> 指定下一点或 [放弃(U)]：输入下一直线段的端点，或输入选项"U"表示放弃前面的输入；右击或按<Enter>键，结束命令
>
> 指定下一点或 [闭合(C)/放弃(U)]：输入下一直线段的端点，或输入选项"C"使图形闭合，结束命令

说明如下。

◆ 若采用按【Enter】键响应"指定第一点"提示，系统会把上次绘制图线的终点作为本次图线的起始点。若上次操作为绘制圆弧，按【Enter】键响应后绘出通过圆弧终点并与该圆弧相切的直线段，该线段的长度为光标在绘图区指定的一点与切点之间线段的距离。

◆ 在"指定下一点"提示下，用户可以指定多个端点，从而绘出多条直线段。但是，每一段直线是一个独立的对象，可以进行单独的编辑操作。

◆ 绘制两条以上直线段后，若采用输入选项"C"响应"指定下一点"提示，系统会自动连接起始点和最后一个端点，从而绘出封闭的图形。

◆ 若采用输入选项"U"响应提示，则删除最近一次绘制的直线段。

〖 4 〗修剪（trim，快捷命令tr）

执行此命令，命令行提示如下。

> 当前设置：投影=UCS，边=延伸
>
> 选择剪切边...
>
> 选择对象或 <全部选择>：
>
> 选择要修剪的对象，或按住<Shift>键选择要延伸的对象，或[栏选(F)/窗交(C)/投影(P)/边(E)/删除(R)/放弃(U)]：

选项说明如下。

◆ 按住【Shift】键选择要延伸的对象：在选择对象时，如果按住【Shift】键，系统就会自动将【修剪】命令转换成【延伸】命令。

◆ 栏选：选择与选择栏相交的所有对象。选择栏是一系列临时线段，它们是用两个或多个栏选点指定的，示意图如图1-18所示。

◆ 窗交：选择矩形区域（由两点确定）内部或与之相交的对象，示意图如图1-19所示。

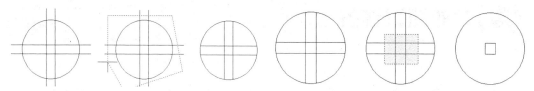

图1-18 "栏选"修剪对象   图1-19 "窗交"修剪对象

◆ 投影：指定修剪对象时使用的投影方式。

◆ 边：确定对象是在另一对象的延长边处进行修剪，仅在三维空间中与该对象相交的对象处进行修剪。

◆ 删除：删除选定的对象。此选项提供了一种用来删除不需要的对象的简便方式，而无须退出【修剪】命令。

◆ 放弃：撤销由【修剪】命令所做的最近一次修改。

〖 5 〗多边形（polygon，快捷命令pol）

执行此命令，命令行提示如下。

> 输入边的数目 <4>:（指定多边形的边数）
>
> 指定正多边形的中心点或 [边(E)]:（指定中心点或选择边选项）
>
> 输入选项 [内接于圆(I)/外切于圆(C)] <I>:（指定是内接于圆或外切于圆）
>
> 指定圆的半径:

选项说明如下。

◆ 中心点：定义正多边形圆心。

◆ 边：通过指定第一条边的端点来定义正多边形。

◆ 内接于圆：指定外接圆的半径，正多边形的所有顶点都在此圆周上。

◆ 外切于圆：指定从正多边形圆心到各边中点的距离。

示意图如图1-20所示。

边   内接于圆   外切于圆

图1-20 正多边形示意图

【 6 】保存（save或qsave）

执行此命令，若文件已命名，则系统自动保存文件，若文件未命名（即为默认名Drawing1.dwg），弹出【图形另存为】对话框。用户可以重新命名保存。在【保存于】下拉列表框中指定保存文件的路径，在【文件类型】下拉列表框中指定保存文件的类型。

专业知识详解

【 1 】垫片

垫片是一种能产生塑性变形，并具有一定强度的材料制成的圆环。大多数垫片是从非金属板裁下来的，或由专业工厂按规定尺寸制作。其材料为石棉橡胶板、石棉板、聚乙烯板等，也有用薄金属板（白铁皮、不锈钢）将石棉等非金属材料包裹起来制成的金属包垫片，还有一种是用薄钢带与石棉带一起绕制而成的缠绕式垫片。普通橡胶垫片适用于温度低于120℃的场合；石棉橡胶垫片适用于水蒸气温度低于450℃、油类温度低于350℃、压力低于5MPa的场合，对于一般的腐蚀性介质，最常用的是耐酸石棉板。在高压设备及管道中，采用铜、铝、10号钢、不锈钢制成透镜型或其他形状的金属垫片。高压垫片与密封面的接触宽度非常窄（线接触），密封面与垫片的加工光洁度较高。

【 2 】垫片的作用

对于垫片，我们首先想到的是在拧螺母时加的那种垫片，通常圆形薄板垫片的中间会开一个漏洞，常用的这种垫片有两种，弹簧垫片和平垫片。这个垫片有什么作用呢？为什么要加这个垫片呢？平垫片的作用是增大螺母的接触面积，使其受力往螺钉的四周分散，可以防止因为拧螺钉时的转动和压紧过程而损坏被紧固件，比如导线、箱体表面；同时也使小螺钉可以用在较大的孔里。弹性垫片有两重作用，除了分散力以外，拧紧螺母以后，弹簧垫片给螺母一个弹力，抵紧螺母，使其不易脱落。其实垫片更多用于两个物体之间的机械密封。原因很简单，机械加工表面不可能完美，垫片可以填补机械加工的不规则性。其通常由片状材料制成，如垫纸、橡胶、硅橡胶、金属、软木及毛毡，特定应用的垫片还可能含有石棉。

本实例中的垫片属于油泵密封垫片，一般都是冲压加工出来的。在非标件和特殊用途的情况下，也可以通过线切割来加工，其成本也自然会高很多。油泵垫片因其材料成本低、结构简单、位置不显眼而不常被人们重视，可往往就是这不起眼的垫片会引起油泵不出油的故障。

油泵把油抽上来主要依靠油泵里的叶片形成的真空腔，即油泵中的转子在转动过程中，通过叶片在进油口处形成的真空腔。对于新安装的油泵应该使油泵和管道中都灌上油，使之充满油液，这样叶片之间的空间也就充满了油液（现在新技术的油泵有的不用在油泵里加油）。开机后，两个叶片之间形成的这个充满油液的腔在随转子转动的过程中，由于叶片缩回到转子的键槽内而把油液排出；继续旋转后，再次伸出时形成的这个腔就是既没有油液也没有空气的真空腔。由于油罐中的油液与大气相通，因此油面大气压强为一个大气压，这样油面与真空腔之间就形成了气压差，在这个气压差的作用下，管道内的油液上移，油就被抽上来了。在油被抽上来的过程中，垫片起到了密封的作用，保证了真空腔的形成，油液便可顺利地被抽上来。因此，高压腔以下的油路任何一个位置的垫片（如泵垫、过滤器顶盖垫、波纹管两端的垫片等）若破损或位置不正都会影响真空腔的形成，从而可能导致油泵出现不出油的故障。

〖 3 〗**油泵垫片失效的主要原因**

油泵垫片失效的原因主要有以下几点。

（1）油泵作用在密封垫片上的压力不足

由于密封面上总是存在着微观的凹凸不平，加工时还可能在密封面上加工出若干环形沟槽，若保证密封，就必须对密封垫片施加足够大的压力，使其发生弹性或塑性变形以填充这些间隙。各种垫片材质压紧力的大小通常在密封垫片生产厂家样本或产品说明书中给出，也可通过实验决定。由于油泵装配时达不到垫片所需的压紧力，或由于在长期运行中的振动使压紧螺栓松动而使压紧力降低，以及由于垫片材质的老化变形而丧失垫片原来的弹性，都会使垫片失效而产生泄漏。

（2）油泵垫片的材质不够好

油泵垫片材质的内部组织或厚度不均匀，或使用了带有裂缝或褶皱的垫片以致垫片本身形成了间隙，当作用在垫片上的力使垫片所产生的弹性变形不足以完全填充这些间隙时，泄漏也就不可避免了。

（3）油泵垫片的材质与所输送的介质不相适应

油泵所输送化工产品的化学性质具有多样性，而且为提高燃油的燃烧值或改变其燃烧后的生成物而在燃油中加入了一些少量的添加剂往往会使燃油的某些性质发生变化，所以选择和输送介质相适的垫片材质并非易事，因而也经常发生由于不相适应而使垫片发生侵蚀，进而导致产生泄漏的现象。

〖 4 〗**垫片的选择原则**

对于要求不高的场合，可凭经验选取垫片，不合适时再进行更换。但对于那些要求严格的场合，例如易爆、剧毒、可燃气体以及强腐蚀性的液体设备、反应罐和输送管道系统等，应根据工作压力、工作温度、密封介质的腐蚀性及结合密封面的形式来选用垫片。一般情况下，常温低压时，选用非金属软密封垫；高温中压时，选用金属与非金属组合密封垫或金属密封垫；在温度和压力有较大波动的情况下，选用弹性好的或自紧式密封垫；在低温、腐蚀性介质或真空条件下，应考虑具有特殊性能的密封垫。

〖 5 〗**法兰连接垫片**

这里需要说明的是法兰情况对垫片选择的影响。关于法兰，我们将在另外一个实例中详细介绍，法兰形式不同，要求使用的垫片也不同。光滑面法兰一般只用于低压，配软质的薄密封垫；在高压下，如果法兰的强度足够，也可以用光滑面法兰，但应该用厚软质垫，或者用带内加强环或加强环的缠绕密封垫。金属垫片不适用这种场合，因为这时要求的压紧力过大，会导致螺栓有较大的变形，使法兰不易封严。如果要用金属垫片，则应将光滑面缩小，使其与垫片的接触面积减小。这样，在螺栓张力相同的情况下，缩小后的窄光滑面的压紧应力就会增大。

另外，法兰表面的粗糙度对密封效果影响很大，特别是采用非软质垫片时，密封表面粗糙度值大是造成泄露的主要原因之一。例如，车削法兰面的刀纹是螺旋线，使用金属垫片时，如果粗糙度值较大，垫片就不能堵死刀纹所形成的螺旋槽，在压力作用下，介质就会顺着这条沟槽泄露出来。软质密封垫对法兰面的光洁程度要求低很多，这是因为它容易变形，能够堵死加工刀纹，从而防止了泄露。对软质垫片，法兰面过于光滑反而不利，因为此时发生界面泄露阻力变小了。所以，垫片不同，所要求的法兰表面粗糙度也不相同。

以上仅对我们学过但容易被忽略的垫片做了简单的介绍，机械设计中这种小部件影响全局的情况比较多，希望引起重视与注意。本实例所绘垫片属于模具上面的定位圈，广义上也属于法兰。

任务 2 绘制联动夹持器垫片

任务参考效果图

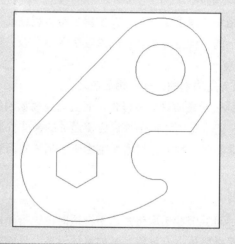

任务背景

本实例是某动力机械厂生产联动夹持器上所用垫片。与之配合的是夹持器腔体和柱塞盖。本垫片的作用是：使结合的两个零件不因为彼此的接触而伤害零件或夹持器腔体本体，同时还让锁定程度紧密，也方便拆卸。

任务要求

联动夹持器垫片所用材料为Q235，垫片上下分别有两个孔，上面圆形孔为伸出的轴杆留出的空间，下面为正六边形孔，通过它的是具有正六边形截面的联动杆。右下部为开式，连接所用并起到调整尺寸公差的作用。因联动夹持器需经常运动，故整体零件对边角都进行处理。所以本零件工序为将毛坯冲压成型后磨毛刺倒角。

任务分析

本实例中主要难点为绘制圆弧线。本实例的制作思路为：首先绘制圆，然后绘制右上角的圆弧部分，接着通过圆弧或多段线命令绘制轮廓，最后再绘制垫片的内部孔与正六边形。

模块 02

设计制作杆类零件
——图层管理

能力目标

1. 能利用图层设置和管理不同类型对象
2. 能利用图层管理器设置和管理图线
   的线型和线宽

专业知识目标

1. 了解杆类图形的设计
2. 了解螺栓的画法

软件知识目标

1. 掌握图层管理器的应用
2. 掌握简单的绘图和编辑命令
3. 掌握数据输入法

课时安排

3课时（讲课2课时，练习1课时）

模拟制作任务

任务 1　绘制螺栓GB5780-1986 M12×60

任务参考效果图

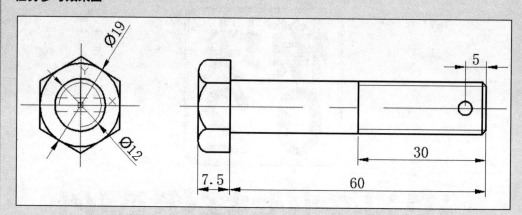

任务背景

螺栓属于螺纹连接类零件，用于连接零件，通常利用带有螺纹的零件构成可拆连接。螺纹连接结构简单、拆装方便、形式多样、连接可靠、互换性较好，在机械及各种工程结构中应用十分广泛。螺栓为标准件，一般由专门的标准件厂商生产制造，这里我们绘制的螺栓为某厂商生产的螺栓GB5780-1986 M12×60。一般客户需要将此种型号螺栓应用于连接，受力不大，但能承受较大扳手力矩，连接强度高，有时还会代替六角头螺栓用于要求结构紧凑的场合。

任务要求

此零件是标准零件，主要用于连接。本零件在螺纹连接类零件中应用最广为米制三角形螺纹，牙形角为 $\alpha=60°$，当量摩擦角大，自锁性能好。螺纹的规格为$d=M12$，公称长度$l=60$，性能等级为8.8级，表面氧化的内六角圆柱螺栓。材料为钢，螺纹公差为6g。

任务分析

螺栓的绘制过程中将涉及线型的设置。图形里面包含的线型有粗实线、细实线、中心线与虚线，在本实例中主要是利用绘制直线，以及利用【圆】等命令来实现。本实例的制作思路为首先绘制中心线，然后再绘制螺栓的上部轮廓线、螺栓的安装孔及倒角，通过镜像生成整个图形，最后绘制右视图。

制作流程及难点

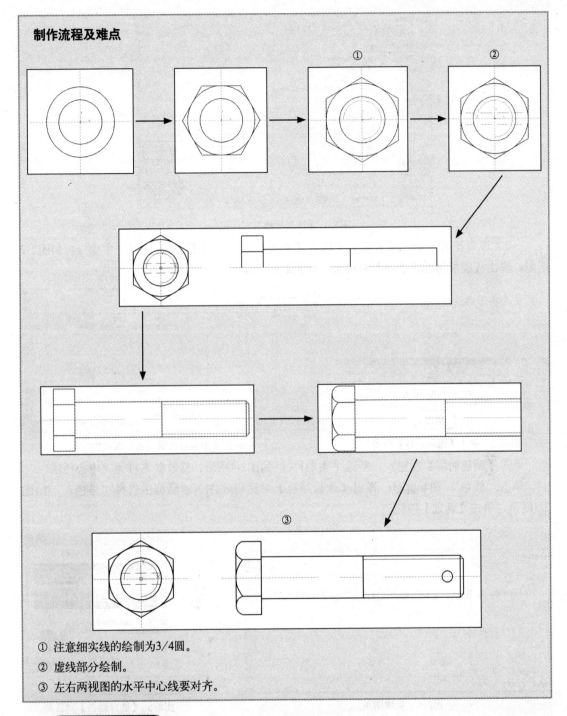

① 注意细实线的绘制为3/4圆。

② 虚线部分绘制。

③ 左右两视图的水平中心线要对齐。

◎➤ **操作步骤详解**

1. 绘图准备

（1）新建文件。单击菜单栏中的【文件】＞【新建】命令，或单击快速访问工具栏中的【新建】命令🗋，弹出的【选择样板】对话框，在对话框中选择"🗋 acadiso.dwt"样板，单击【打开】按钮，如图2-1所示。

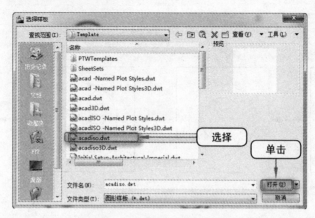

图2-1 【选择样板】对话框

（2）设置图层。单击【常用】选项卡【图层】面板中的【图层特性】[①]命令，如图2-2所示，弹出【图层特性管理器】对话框，如图2-3所示。

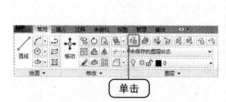

图2-2 单击【图层特性】命令

图2-3 【图层特性管理器】对话框

单击【新建图层】按钮，新建"图层1"，如图2-4所示，修改其名称为"中心线层"。

单击"颜色"图标，弹出【选择颜色】对话框，在该对话框中选择"红色"，如图2-5所示。单击【确定】按钮。

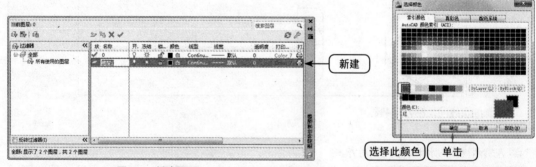

图2-4 新建图层　　　　　　　　图2-5 【选择颜色】对话框

返回到【图层特性管理器】对话框，单击"线型"图标，弹出【选择线型】对话框，如图2-6所示；在该对话框中单击【加载】按钮，弹出【加载或重载线型】对话框，选择"CENTER"线型，如图2-7所示。单击【确定】按钮，返回到【选择线型】对话框，选择加载后的"CENTER"线型，单击【确定】按钮。

图2-6 【选择线型】对话框

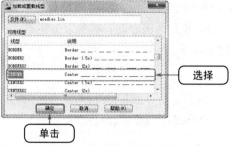
图2-7 【加载或重载线型】对话框

返回到【图层特性管理器】对话框，同理创建"粗实线层"、"细实线层"和"虚线层"，如图2-8所示。

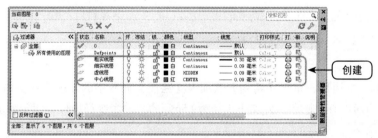

图2-8　图层的设置

2．绘制左视图

（1）绘制主视图中心线。将"中心线层"设置为当前层，单击【常用】选项卡【绘图】面板中的【直线】命令 ，绘制端点为（-11，0）和（11，0）[②]的水平中心线；重复【直线】命令，绘制端点为（0，-11）和（0，11）的竖直中心线。

命令行操作与提示如下。

```
命令：line
指定第一点：-14，0
指定下一点或[放弃（U）]：14，0
指定下一点或[放弃（U）]：
命令：line
指定第一点：0，-14
指定下一点或[放弃（U）]：0，14
指定下一点或[放弃（U）]：
```

结果如图2-9所示。

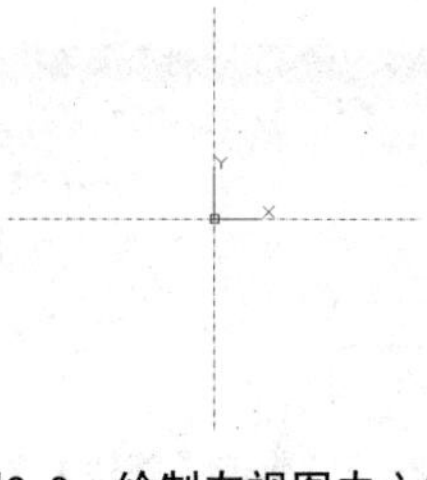

图2-9　绘制左视图中心线

（2）绘制圆。将"粗实线层"设置为当前层，单击【常用】选项卡【绘图】面板中的【圆】命令◎，绘制两同心圆。首先以坐标原点（0，0）为圆心，绘制半径为6mm的圆。命令行操作与提示如下。

命令：circle
指定圆的圆心或 [三点(3P)/两点(2P)/切点、切点、半径(T)]： 0，0
指定圆的半径或 [直径(D)]： 6

重复【圆】命令，以坐标原点（0，0）为圆心，绘制半径为9.5mm的圆。命令行操作与提示如下。

命令：circle
指定圆的圆心或 [三点(3P)/两点(2P)/切点、切点、半径(T)]： 0，0
指定圆的半径或 [直径(D)]： 9.5

结果如图2-10所示。

（3）绘制正六边形。单击【常用】选项卡【绘图】面板中的【多边形】命令◎，绘制正六边形。正六边形中心为原点，外切于半径为9.5mm的圆。命令行操作与提示如下

命令：polygon
输入边的数目 <4>： 6
指定正多边形的中心点或 [边(E)]： 0，0
输入选项 [内接于圆(I)/外切于圆(C)] <C>：
指定圆的半径： 9.5

结果如图2-11所示。

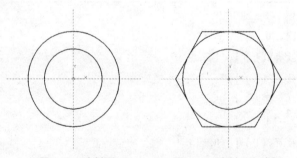

图2-10 绘制圆　　　　　图2-11 绘制正六边形

（4）旋转正六边形。单击【常用】选项卡【修改】面板中的【旋转】[3]命令◎，如图2-12所示，将上步绘制的正六边形旋转30度。

图2-12 单击【旋转】命令

命令行操作与提示如下。

```
命令： rotate
UCS 当前的正角方向：   ANGDIR=逆时针  ANGBASE=0
选择对象：（拾取上步绘制的正六边形）
选择对象：
指定基点：0，0
指定旋转角度，或 [复制(C)/参照(R)] <0>：   30
```

绘制结果2-13所示。

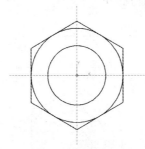

图2-13　旋转六边形

（5）绘制圆弧。单击【常用】选项卡【绘图】面板中的【起点，圆心，端点】④命令，如图2-14所示，绘制以原点为圆心的圆弧，起点为（0，-5），终点为（-5，0）。

命令行操作与提示如下。

```
命令： arc
指定圆弧的起点或 [圆心(C)]：0，-5
指定圆弧的第二个点或 [圆心(C)/端点(E)]：C
指定圆弧的圆心：0，0
指定圆弧的端点或 [角度(A)/弦长(L)]：-5，0
```

结果如图2-15所示

图2-14　单击【起点，圆心，端点】命令

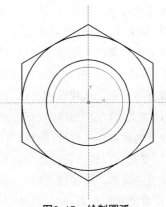

图2-15　绘制圆弧

（6）绘制主视图孔。将"虚线层"设定为当前图层，单击【常用】选项卡【绘图】面板中的【直线】命令，绘制主视图内通孔。命令行操作与提示如下。

```
命令： line
指定第一点： -8，1.6
指定下一点或 [放弃(U)]： @16，0
指定下一点或 [放弃(U)]：
命令： line
指定第一点： -8，-1.6
指定下一点或 [放弃(U)]： @16，0
指定下一点或 [放弃(U)]：
```

结果如图2-16所示。

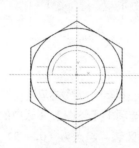

图2-16 绘制孔

（7）修剪图形。单击【常用】选项卡【修改】面板中的【修剪】命令，修剪多余的线条。首先单击半径为6mm的圆，按【Enter】键确认，然后选取超出此圆的四条线段。命令行操作与提示如下。

```
命令: trim
当前设置:投影=UCS,边=无
选择剪切边...
选择对象或 <全部选择>： 找到 1 个(单击半径为6mm的圆)
选择对象:(回车)
选择要修剪的对象，或按住 Shift 键选择要延伸的对象，或
[栏选(F)/窗交(C)/投影(P)/边(E)/删除(R)/放弃(U)]:(选择一条多余的线段)
选择要修剪的对象，或按住 Shift 键选择要延伸的对象，或
[栏选(F)/窗交(C)/投影(P)/边(E)/删除(R)/放弃(U)]:(选择一条多余的线段)
选择要修剪的对象，或按住 Shift 键选择要延伸的对象，或
[栏选(F)/窗交(C)/投影(P)/边(E)/删除(R)/放弃(U)]:(选择一条多余的线段)
选择要修剪的对象，或按住 Shift 键选择要延伸的对象，或
[栏选(F)/窗交(C)/投影(P)/边(E)/删除(R)/放弃(U)]:(选择一条多余的线段)
选择要修剪的对象，或按住 Shift 键选择要延伸的对象，或
[栏选(F)/窗交(C)/投影(P)/边(E)/删除(R)/放弃(U)]:
```

结果如图2-17所示。

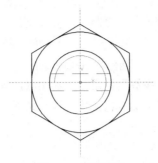

图2-17　修剪图形

3．绘制主视图

（1）绘制中心线。将"中心线层"设定为当前图层，单击【常用】选项卡【绘图】面板中的【直线】命令 ，绘制水平中心线。命令行操作与提示如下。

```
命令：line
指定第一点：23，0
指定下一点或[放弃（U）]：100，0
指定下一点或[放弃（U）]：
```

结果如图2-18所示。

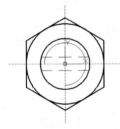

图2-18　绘制中心线

（2）绘制轮廓。将"粗实线层"设定为当前图层。单击【常用】选项卡【绘图】面板中的【直线】命令 ，绘制轮廓线。命令行操作与提示如下。

```
命令：line
指定第一点：28，0
指定下一点或 [放弃（U）]： @0，10.5
指定下一点或 [放弃（U）]： @7.5，0
指定下一点或 [放弃（U）]： @0，-4.5
指定下一点或 [放弃（U）]： @60，0
指定下一点或 [放弃（U）]： @0，-6
指定下一点或 [放弃（U）]：
```

重复【直线】命令，分别以坐标点（35.5，6）和（35.5，0）、（65.5，6）和（65.5，0）、（28，5.25）和（35.5，5.25）为端点绘制其余三条直线，如图2-19所示。

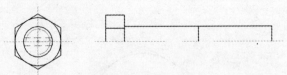
图2-19　绘制外轮廓

（3）绘制螺纹线。将"细实线层"设定为当前图层，单击【常用】选项卡【绘图】面板中的【直线】命令✐，绘制螺纹线。命令行操作与提示如下。

```
命令：line
指定第一点：65.5，5
指定下一点或［放弃(U)］：@-30，0
指定下一点或［放弃(U)］：
```

结果如图2-20所示。

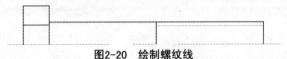
图2-20　绘制螺纹线

（4）镜像螺栓。单击【常用】选项卡【修改】面板中的【镜像】[5]命令▲，如图2-21所示，将螺栓沿水平中心线进行镜像。

单击
图2-21　单击【镜像】命令

命令行操作与提示如下。

```
命令：mirror
选择对象：（框选左视图中除中心线外的所有的图形）
选择对象：
指定镜像线的第一点：（选择中心线左端点）
指定镜像线的第二点：（选择中心线右端点）
要删除源对象吗？［是(Y)/否(N)］<N>：
```

结果如图2-22所示。

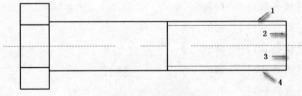
图2-22　镜像螺栓

（5）倒角处理。单击【常用】选项卡【修改】面板中的【倒角】[6]命令◿，如图2-23所示，将螺栓右端部进行倒角处理。

图2-23　单击【倒角】命令

命令行操作与提示如下。

> 命令：chamfer
> ("修剪"模式) 当前倒角距离 1 = 0.0000, 距离 2 = 0.0000
> 选择第一条直线或 [放弃(U)/多段线(P)/距离(D)/角度(A)/修剪(T)/方式(E)/多个(M)]: d
> 指定第一个倒角距离 <0.0000>: 1
> 指定第二个倒角距离 <1.0000>:
> 选择第一条直线或 [放弃(U)/多段线(P)/距离(D)/角度(A)/修剪(T)/方式(E)/多个(M)]: m
> 选择第一条直线或 [放弃(U)/多段线(P)/距离(D)/角度(A)/修剪(T)/方式(E)/多个(M)]: (拾取图2-22中的直线1)
> 选择第二条直线, 或按住 Shift 键选择要应用角点的直线 (拾取图2-22中的直线2)
> 选择第一条直线或 [放弃(U)/多段线(P)/距离(D)/角度(A)/修剪(T)/方式(E)/多个(M)]: (拾取图2-22中的直线3)
> 选择第二条直线, 或按住 Shift 键选择要应用角点的直线: (拾取图2-22中的直线4)
> 选择第一条直线或 [放弃(U)/多段线(P)/距离(D)/角度(A)/修剪(T)/方式(E)/多个(M)]:

结果如图2-24所示。

（6）绘制倒角线。将"粗实线层"设定为当前图层，单击【常用】选项卡【绘图】面板中的【直线】命令，绘制端点坐标为（94.5，-6）和（94.5，6）的直线，结果如图2-25所示。

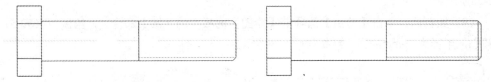

图2-24　倒角处理　　　　　　图2-25　绘制倒角线

（7）绘制圆弧。单击【常用】选项卡【绘图】面板中的【三点】命令，如图2-26所示，绘制以原点为圆心的圆弧，起点为（30，10.5），第二点为（28，7.875），终点为（30，5.25）。重复【三点】命令绘制另外两条圆弧，点分别为（30，5.25）、（28，0）、（30，-5.25）与（30，-5.25）、（28，-7.875）和（30，-10.5）。

图2-26　单击【三点】命令

命令行操作与提示如下。

```
命令: arc
指定圆弧的起点或 [圆心(C)]: 30,10.5
指定圆弧的第二个点或 [圆心(C)/端点(E)]: 28,7.875
指定圆弧的端点: 30,5.25
命令: arc
指定圆弧的起点或 [圆心(C)]: 30,5.25
指定圆弧的第二个点或 [圆心(C)/端点(E)]: 28,0
指定圆弧的端点: 30,-5.25
命令: arc
指定圆弧的起点或 [圆心(C)]: 30,-5.25
指定圆弧的第二个点或 [圆心(C)/端点(E)]: 28,-7.875
指定圆弧的端点: 30,-10.5
```

结果如图2-27所示。

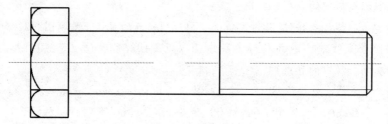

图2-27 绘制圆弧

（8）修剪图形。单击【常用】选项卡【修改】面板中的【修剪】命令，修剪多余的线条。首先选择上一步骤绘制的三个圆弧，按【Enter】键确认，然后选取多余的线段，结果如图2-28所示。

（9）绘制圆。单击【常用】选项卡【绘图】面板中的【圆】命令，绘制以（90.5，0）为圆心，半径为1.6mm的圆。结果如图2-29所示。

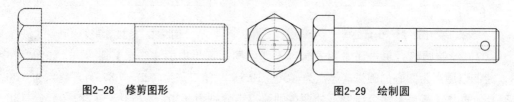

图2-28 修剪图形　　　　　　　　　　　　图2-29 绘制圆

[1] 图层特性（layer）

执行【图层特性】命令，弹出如图2-30所示的【图层特性管理器】对话框。

（1）【新建特性过滤器】按钮 ：单击此按钮，弹出【图层过滤器特性】对话框，如图2-31所示。从中可以基于一个或多个图层特性创建图层过滤器。

图2-30 【图层特性管理器】对话框　　　　图2-31 【图层过滤器特性】对话框

（2）【新建组过滤器】按钮 ：单击此按钮，可以创建一个图层过滤器，其中包含用户选定并添加到该过滤器的图层。

（3）【图层状态管理器】按钮 ：单击此按钮，弹出【图层状态管理器】对话框，如图2-32所示。从中可以将图层的当前特性设置保存到命名图层状态中，以后可以再恢复这些设置。

图2-32 【图层状态管理器】对话框

（4）【新建图层】按钮 ：单击此按钮，"图层"列表中出现一个新的图层名称"图层1"，用户可使用此名称，也可更改名称。新的图层继承了创建新图层时所选中的已有图层的所有特性（颜色、线型、开/关状态等），如果新建图层时没有图层被选中，则新图层具有默认的设置。

（5）【在所有视口中都被冻结的新图层视口】按钮 ：单击此按钮，将创建新图层，然后在所有现有布局视口中将其冻结。可以在"模型"空间或"布局"空间上访问此按钮。

（6）【删除图层】按钮 ：在【图层】列表中选中某一图层，然后单击该按钮，则把该图层删除，但是图层0和DEFPOINTS、包含对象（包括块定义中的对象）的图层、当前图层以及依赖外部参照的图层不能被删除。

（7）【置为当前】按钮 ：将选定图层设置为当前图层。将在当前图层上绘制创建的对象。另外，双击图层名也可将其设置为当前图层。

（8）【搜索图层】文本框：输入字符时，按名称快速过滤图层列表。关闭图层特性管理器时并不保存此过滤器。

（9）【状态行】：显示当前过滤器的名称、列表视图中显示的图层数和图形中的图层数。

（10）【反向过滤器】复选框：勾选该复选框，显示所有不满足选定图层特性过滤器中条件的图层。

（11）【图层】列表：显示已有的图层及其特性。要修改某一图层的某一特性，单击它所对应的图标即可。右击空白区域或利用快捷菜单可快速选中所有图层。列表区中各列的含义如下。

①状态：指示项目的类型，有图层过滤器、正在使用的图层、空图层或当前图层四种。

②名称：显示满足条件的图层名称。如果要对某图层修改，首先要选中该图层的名称。

③开：打开和关闭选定图层。当图层打开时，它可见并且可以打印；当图层关闭时，它不可见并且不能打印，即使已打开"打印"选项，如图2-33所示。

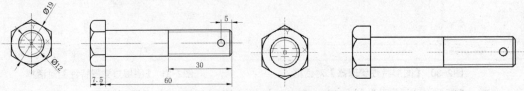

图2-33　打开或关闭尺寸标注图层

④冻结：冻结所有视口中选定的图层，包括【模型】选项卡。此时将不会显示、打印、消隐、渲染或重生成冻结图层上的对象。

⑤锁定：锁定和解锁选定图层。无法修改锁定图层上的对象。

⑥颜色：显示、更改与选定图层关联的颜色。如果要改变某一图层的颜色，单击其对应的颜色图标，弹出如图2-34所示的【选择颜色】对话框，用户可从中选择需要的颜色。

图2-34　【选择颜色】对话框

⑦线型：显示和修改图层的线型。如果要修改某一图层的线型，单击对应的线型图标，弹出【选择线型】对话框，如图2-35所示，其中列出了当前可用的线型，用户可从中选择。

下面对【选择线型】对话框进行说明，具体如下。

a.【已加载的线型】列表：显示在当前绘图中加载的线型，可供用户选用，其右侧显示线型的形式。

b.【加载】：单击该按钮，弹出【加载或重载线型】对话框，如图2-36所示，用户可通过此对话框加载线型并把它添加到【线型】列表中。

图2-35　【选择线型】对话框

图2-36　【加载或重载线型】对话框

⑧线宽：显示和修改图层的线宽。如果要修改某一图层的线宽，单击对应的【线宽】图标，弹出【线宽】对话框，如图2-37所示，其中列出了AutoCAD设定的线宽，用户可从中进行选择。

图2-37 【线宽】对话框

⑨透明度：控制所有对象在选定图层上的可见性。对单个对象应用透明度时，对象的透明度特性将替代图层的透明度设置。

⑩打印样式：更改与选定图层关联的打印样式。

⑪打印：控制是否打印选定图层。即使关闭图层的打印，仍将显示该图层上的对象。不会打印已关闭或冻结的图层。

⑫新视口冻结：在当前布局视口中冻结选定的图层。可以在当前视口中冻结或解冻图层，而不影响其他视口中的图层可见性。

〔 2 〕数据输入法

在AutoCAD 2011中，点的坐标可以用直角坐标、极坐标、球面坐标和柱面坐标表示，每一种坐标又分别具有两种坐标输入方式：绝对坐标和相对坐标。

下面介绍最常用的直角坐标和极坐标，具体如下。

◆ 直角坐标法：用点的X、Y坐标值表示的坐标。

在命令行中输入点的坐标"-97，6"，则表示输入了一个X、Y的坐标值分别为-16、18的点，此为绝对坐标输入方式，表示该点的坐标是相对于当前坐标原点的坐标值。

在命令行中输入点的坐标"@6，0"，则为相对坐标输入方式，表示该点的坐标是相对于前一点的坐标值。

◆ 极坐标法：用长度和角度表示的坐标，只能用来表示二维点的坐标。

在绝对坐标输入方式下，表示为："长度<角度"，如"7<-60"，其中长度表示该点到坐标原点的距离，角度表示该点到原点的连线与X轴正向的夹角。

在相对坐标输入方式下，表示为："@长度<角度"，如"@7<-60"，其中长度为该点到前一点的距离，角度为该点至前一点的连线与X轴正向的夹角。

〔 3 〕旋转（rotate，快捷命令ro）

执行此命令，命令行提示如下。

UCS 当前的正角方向： ANGDIR=逆时针 ANGBASE=0

选择对象：（选择要旋转的图形）

指定基点：（指定点）

指定旋转角度，或［复制(C)/参照(R)］<0>：

选项说明如下。

◆ 旋转角度：决定对象绕基点旋转的角度。旋转轴通过指定的基点，并且平行于当前 UCS 的 Z 轴。

◆ 复制：旋转对象的同时，保留原对象。选择此选项，旋转六边形后的左视图如图2-38所示。

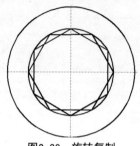

图2-38　旋转复制

〖 4 〗圆弧（arc，快捷命令a）

执行此命令，命令行提示如下。

指定圆弧的起点或［圆心(C)］：

指定圆弧的第二个点或［圆心(C)/端点(E)］：

指定圆弧的端点：

选项说明如下。

◆ 起点：指定圆弧的起点。

◆ 第二个点：使用圆弧周线上的三个指定点绘制圆弧。

◆ 圆心：指定圆弧所在圆的圆心。

◆ 端点：指定圆弧终点。

可以指定圆心、端点、起点、半径、角度、弦长和方向值的各种组合形式绘制圆弧。

〖 5 〗镜像（mirror，快捷命令mi）

执行此命令，命令行提示如下。

选择对象：（选择要镜像的图形）

指定镜像线的第一点：

指定镜像线的第二点：（指定的两个点将成为直线的两个端点，选定对象相对于这条直线被镜像。）

要删除源对象吗？［是(Y)/否(N)］<N>：

选项说明如下。

◆ 是：将镜像的图像放置到图形中并删除原始对象，选择此选项，镜像后的如图2-39所示。

◆ 否：将镜像的图像放置到图形中并保留原始对象。

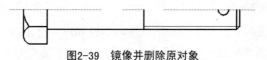

图2-39　镜像并删除原对象

〖6〗倒角（chamfer，快捷命令cha）

执行此命令，命令行提示如下。

（"不修剪"模式）当前倒角距离 1 = 1.0000，距离 2 = 1.0000

　　选择第一条直线或 [放弃(U)/多段线(P)/距离(D)/角度(A)/修剪(T)/方式(E)/多个(M)]：

选项说明如下。

◆ 第一条直线：指定定义二维倒角所需的两条边中的第一条边或要倒角的三维实体的边。

◆ 放弃：恢复在命令中执行的上一个操作。

◆ 多段线：对多段线的各个交叉点倒斜角。

◆ 距离：设置倒角至选定边端点的距离。这两个斜线距离可以相同也可以不相同，若二者均为0，则系统不绘制连接的斜线，而是把两个对象延伸至相交并修剪超出的部分。

◆ 角度：用第一条线的倒角距离和第二条线的角度设置倒角距离。

◆ 修剪：决定连接对象后是否剪切源对象。

◆ 方式：采用"距离"方式还是"角度"方式来倒斜角。

◆ 多个：为多组对象进行倒角编辑。

📢 专业知识详解

螺钉是我们工程设计中最常用的标准零件。国家标准中统一规定了螺纹的画法，螺纹结构要素均已标准化，故绘图时不必画出螺纹的真实投影。机械设计课程里面对螺钉有非常详细的介绍，这里不再赘述。为了增强读者对螺纹画法的了解，笔者摘录了部分国标的螺纹画法和螺纹标记。

〖1〗外螺纹的画法

外螺纹大径用粗实线表示，小径用细实线表示，螺杆的倒角和倒圆部分也要画出，小径可近似地画成大径的85%，螺纹终止线用粗实线表示。在投影为圆的视图上，表示牙底的细实线只画约3/4圈，螺杆端面的倒角圆省略不画。螺尾一般不画，当需要表示螺尾时，表示螺尾部分牙底的细实线应画成与轴线成30°夹角，如图2-40所示。

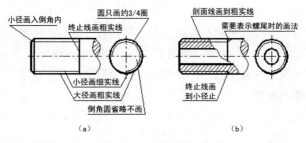

（a）　　　　　　　　　　　　（b）

图2-40　螺纹的画法

〔2〕内螺纹的画法

将内螺纹画成剖视图时，大径用细实线表示，小径和螺纹终止线用粗实线表示，剖面线画到粗实线处。在投影为圆的视图上，小径画粗实线，大径用细实线只画约3/4圈。对于不穿通的螺孔，应将钻孔深度和螺孔深度分别画出，钻孔深度比螺孔深度深一个半径的长度。底部的锥顶角应画成120°。内螺纹不剖时，在非圆视图上其大径和小径均用虚线表示。

以上是我们在刚刚学习机械制图时必须掌握的画法，但在实际工作中，如果还一点点地把螺钉画完，那我们的效率就太低了，所以在实际的工作中都是用AutoCAD二次开发的程序直接生成的。

〔3〕普通螺纹标记

普通螺纹的完整标记由螺纹代号、螺纹公差带代号和旋合长度代号三部分组成，其格式如下。

螺纹特征代号 公称直径×螺距 旋向	中径公差带 顶径公差带	旋合长度
螺纹代号	螺纹公差带代号	旋合长度代号

①普通的螺纹代号由螺纹特征代号、螺纹公称直径和螺距以及螺纹的旋向组成。粗牙普通螺纹不标注螺距。当螺纹为左旋时，标注"左"字，右旋不标注旋向。

②公差带代号由中径公差带和顶径公差带两组组成，它们都由表示公差等级的数字和表示公差带位置的字母组成。大写字母表示内螺纹，小写字母表示外螺纹。若两组公差带相同，则只标注一组。

③旋合长度分为短（S）、中（N）、长（L）三种，中等旋合长度最为常用。当采用中等旋合长度时，不标注旋合长度代号。

例1．请按已知条件标注出螺纹标记：普通细牙外螺纹，大径为20mm，左旋，螺距为1.5mm，中径公差带为5g，大径公差带为6g，长旋合长度。其标记为：

$$M20×1.5左-5g6g-L$$

例2．请按已知条件写出螺纹标记：粗牙普通内螺纹，大径为10mm，螺距为1.5mm，右旋，中径公差带为6H，小径公差带为6H，中等旋合长度。其标记为：

$$M10-6H$$

〔4〕螺纹长度

由于在实际的工程图中，使用的内六角螺钉多是粗牙、右旋、长旋合，我们画图的时候要注意，标记螺纹时还要标明螺纹的长度，如M10×1.5-20L，它的意思是大径为10mm、螺距为1.5mm的长旋合，20是长度。但应注意，这个20mm在内六角里面是不包括杯头的厚度的长度。而在计算螺钉的整体长度时，这个杯头厚度是要考虑的。对于螺距，一般我们自己设计的螺钉和自己打的螺钉孔不会出现什么问题；但是当我们选择外购的标准件的时候，就要注意外购标准件螺钉部位的螺距了，否则会出现旋合不上的问题。螺钉的长度可以选多长？作为一个设计人员，我们不能选择一个长10.3mm的螺钉，因为没有这个规格，而且螺钉是不能切的。对于内六角螺钉，有常用的长系列尺寸，对于计算结果是带小数的尺寸，我们要圆整为整数后查阅相应的工具书再进行选择。

〔5〕螺纹参数

在选择完螺钉的长度后，我们就要在板上打孔了。常用内六角螺钉孔加工尺寸如图2-41所示，建议读者记住这些标注，这样在以后的绘图工作中会方便许多。为了方便读者记忆，笔者根据经验总结了相关数据规律。

　　螺钉的主要参数：杯头直径=1.5倍公称直径+1mm（工程直径≤10mm）；

　　　　　　　　　　杯头直径=1.5倍公称直径（工程直径＞10mm）；

　　　　　　　　　　杯头厚度=公称直径；

　　　　　　　　　　螺钉长度L见表2-1。

　　孔的主要参数：沉头直径=杯头直径+1～4 mm（具体见表2-1）。

　　沉孔深度要保证没过杯头厚度，这里只给出了最小的沉孔深度，对于特殊情况可以适当加深，但不能加深过多，否则会由于标准扳手长度的限制而无法将螺钉旋入。沉孔深度一般最深为公称直径的5～7倍，特殊情况下需要加长扳手。

　　另外，螺钉的旋合深度不能小于公称直径的1.5倍。

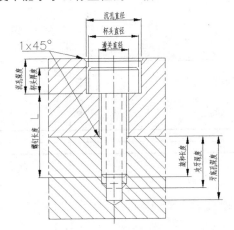

图2-41　内六角螺钉孔加工尺寸图

表2-1　常用内六角螺钉孔加工尺寸（单位：mm）

公称直径及螺距（粗牙）	杯头直径	杯头厚度	沉孔直径	沉孔最小深度	通关直径（公差：-0.1～+0.1）	牙底直径	牙底孔最小深度	旋合长度	攻牙深度	螺钉长度范围
M3-0.5	Φ5.5	3	Φ8.5	3.5	Φ3.5	Φ2.5	9	4.5		5～30
M4-0.7	Φ7.0	4	Φ8	4.5	Φ4.5	Φ3.3	10.5	6		6～40
M5-0.8	Φ8.5	5	Φ9.5	5.5	Φ5.5	Φ4.2	13	7.5		8～50
M6-1.0	Φ10	6	Φ11	6.5	Φ6.6	Φ5.0	14	9		10～60
M8-1.25	Φ13	8	Φ14	8.6	Φ8.5	Φ6.7	18	12		12～80
M10-1.5	Φ16	10	Φ17.5	10.8	Φ10.5	Φ8.5	22	15	等于旋合长度加2倍牙距	16～100
M12-1.75	Φ18	12	Φ20	13	Φ13	Φ10.2	24	18		20～120
M14-2.0	Φ21	14	Φ23	15.2	Φ15	Φ11.9	28	24		25～140
M16-2.0	Φ24	16	Φ26	17.5	Φ18	Φ13.9	34	24		25～160
M20-2.5	Φ30	20	Φ32	21.5	Φ22	Φ17.3	42	30		30～200
M24-3.0	Φ36	24	Φ39	25.5	Φ26	Φ20.8	50	36		40～200
M30-3.5	Φ45	30	Φ48	32	Φ33	Φ26.2	61	45		45～200
M36-4.0	Φ54	36	Φ58	38	Φ39	Φ31.6	71	53		55～200

说明
除非特殊情况，螺钉孔的倒角一定要加上，尤其是在打完底孔后，因为后续加工攻丝时，没有倒角对攻丝，有可能将螺钉孔攻偏。倒角没有特殊要求要倒C角，就是45°的角。如果倒R角（圆角），在图纸上只是一个字母的区别，但在加工的时候问题比较大。

提示
给吊环攻丝时，应尽量深一点，使旋入时吊环面几乎贴在被吊起的零件表面以确保安全。因为吊环吊重物时，是吊环面在受力。

任务 2 绘制推杆

任务参考效果图

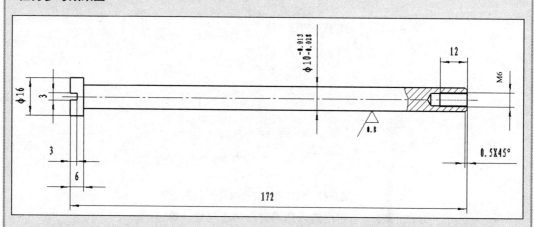

任务背景

本实例为航空杯注射模中所用到的推杆。推杆在模具零件分类中属于推出机构，又称脱模机构，它是在开模时将塑件推出的零部件。推杆外形像螺栓但要比螺栓细长，且杆表面有粗糙度要求。本实例中杆长为172mm，属于一般尺寸。客户对端部内螺纹孔有一定要求。

任务要求

本推杆所用材料为45，推杆左端为头部，直径为φ16，中间有宽度和深度均为3mm的槽，右端留有M6的螺纹孔，深度为12mm，推杆的工作面为φ10的表面，有公差和表面粗糙度的要求。因为本零件为模具上所用零件，所以加工要求比较高，在车床上加工后还需在磨床上加工工作表面。外垫片上下分别有两个孔，上面是圆形孔为伸出的轴杆留出的空间，下面是正六边形孔。

任务分析

本实例中主要难点为图层的管理和各线型的使用。本实例的制作思路：首先绘制中心线，然后再绘制推杆的上部轮廓线、右端的螺纹孔及倒角，通过镜像生成整个图形，最后绘制剖面线。

模块 03

设计制作轴承类零件
——编辑命令的运用

能力目标
1. 能利用编辑命令创建不同类型对象
2. 能利用【图层】面板修改图线的线型和线宽

专业知识目标
1. 了解轴承类图形的设计
2. 了解深沟球轴承的画法

软件知识目标
1. 掌握【图层】面板的应用
2. 掌握编辑命令

课时安排
4课时（讲课2课时，练习2课时）

模拟制作任务

任务 1 绘制深沟球轴承

任务参考效果图

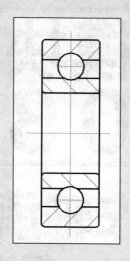

任务背景

深沟球轴承属于滚动轴承类零件，滚动轴承为二圆环，一个紧套在轴颈上，另一个则紧塞于轴承壳内。两环之间置有若干"滚动体"，用以改变轴与壳之间的滑动摩擦，使之名副其实地为"滚动摩擦"。"滚动体"包括滚珠、滚柱、滚锥、滚鼓以及滚针等。本实例为深沟球轴承，需要启动摩擦小，可承受径向和轴向的双向负荷，且为标准件，尺寸和精度已有共同的标准。

任务要求

此零件是标准件，滚动轴承内、外圈与滚动体均采用硬度高、抗疲劳性强、耐磨性好的高碳铬轴承钢GCR15SiMn制造，热处理后硬度要达到60~65HRC，保持架采用低碳钢板冲压形成。本轴承由某专业化的标准件生产厂商生产，大量生产供应市场，除本实例中的类型和尺寸外，还有其他类型和尺寸系列。一般机械组装厂只需根据具体的工作条件，正确选择轴承的类型、尺寸和公差等级，并合理地进行轴承组合即可。

任务分析

深沟球轴承的绘制是简单二维图形制作中比较典型的实例，在本例中主要利用一些编辑命令，包括【偏移】、【镜像】、【拉长】以及【圆角】等命令来实现。本实例的制作思路，首先绘制中心线和辅助线作为定位线，偏移生成其余的直线，然后再绘制滚子，再进行倒角；之后运用【镜像】命令对图形进行镜像处理并进行细部的修改、最后绘制剖面线完成图形的绘制。

制作流程及难点

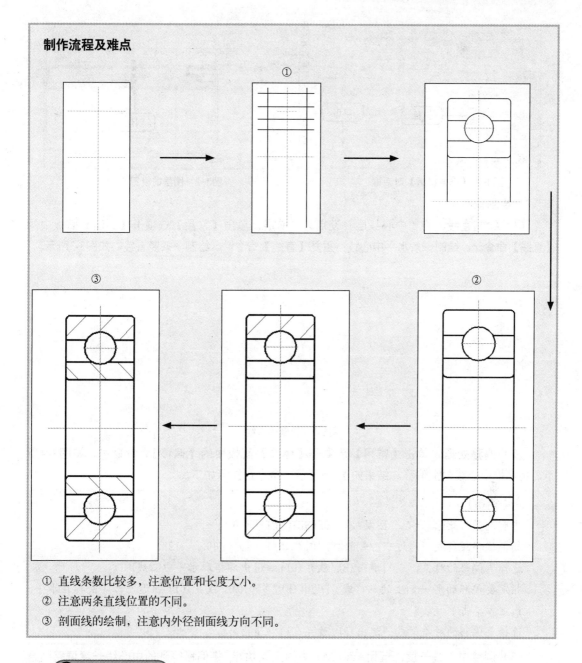

① 直线条数比较多，注意位置和长度大小。

② 注意两条直线位置的不同。

③ 剖面线的绘制，注意内外径剖面线方向不同。

➡ **操作步骤详解**

1. 绘图准备

（1）新建文件。单击菜单栏中的【文件】>【新建】命令，或单击快速访问工具栏中的【新建】命令，弹出【选择样板】对话框，在对话框中选择"acadiso.dwt"样板，单击【打开】按钮，如图3-1所示。

（2）创建图层。单击【常用】选项卡【图层】面板中的【图层特性】命令，弹出【图层特性管理器】对话框，单击【新建图层】按钮，创建"中心线层"、"粗实线层"和"剖面线层"，如图3-2所示。

图3-1 【选择样板】对话框　　　　　　　图3-2 图层的设置

2．绘制轮廓

（1）绘制直线。将"中心线层"设定为当前层，单击【常用】选项卡【绘图】面板中的【直线】命令，绘制一条水平中心线；重复【直线】命令，绘制一条竖直线，如图3-3所示。

图3-3　绘制中心线

（2）偏移处理。单击【常用】选项卡【修改】面板中的【偏移】[1]命令，如图3-4所示，将水平中心线向上偏移，结果如图3-5所示。命令行提示如下。

```
命令: offset
当前设置: 删除源=否　图层=源　OFFSETGAPTYPE=0
指定偏移距离或 [通过(T)/删除(E)/图层(L)] <40.0000>: 12.5
选择要偏移的对象，或 [退出(E)/放弃(U)] <退出>(拾取水平中心线)
指定要偏移的那一侧上的点，或 [退出(E)/多个(M)/放弃(U)] <退出>:（鼠标在水平中心线上方单击）
选择要偏移的对象，或 [退出(E)/放弃(U)] <退出>:
```

（3）调整中心线长度。运用AutoCAD中的夹点功能[2]将偏移得到的中心线长度调整到合适的位置，结果如图3-6所示。

图3-4　单击【偏移】命令

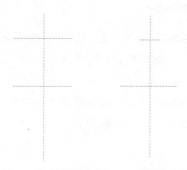

图3-5　偏移直线　　图3-6　调整中心线

（4）偏移处理。单击【常用】选项卡【修改】面板中的【偏移】命令▣，将水平中心线向上偏移7.5mm、10.33mm、13.75mm和17.5mm；重复【偏移】命令▣，将竖直中心线向两侧偏移，偏移的距离为5.5mm，结果如图3-7所示。选中偏移后的直线，在【图层】面板的【图层】下拉列表中选择"粗实线层"，如图3-8所示。偏移后的直线转换为粗实线，结果如图3-9所示。

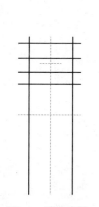
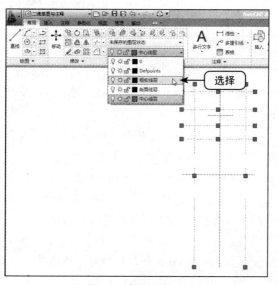
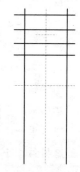

图3-7　偏移直线　　　　　　图3-8　选择图层　　　　　　图3-9　转换图层

（5）修剪图形。单击【常用】选项卡【修改】面板中的【修剪】命令，修剪多余的线条。结果如图3-10所示。

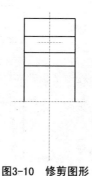

图3-10　修剪图形

3．绘制轴承滚道及滚动体

（1）绘制圆。将"粗实线层"设置为当前层，单击【常用】选项卡【绘图】面板中的【圆】命令◎，绘制以短水平中心线与竖直中心线交点为圆心，绘制半径为2.5mm的圆，结果如图3-11所示。

（2）圆角处理。单击【常用】选项卡【修改】面板中的【圆角】③命令◯，如图3-12所示，对图3-11所示的边进行圆角处理，半径为0.6mm。

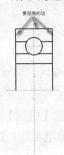

图3-11 绘制圆

图3-12 单击【圆角】命令

命令行和操作提示如下。

```
命令: fillet
当前设置: 模式 = 不修剪，半径 = 0.0000
选择第一个对象或 [放弃(U)/多段线(P)/半径(R)/修剪(T)/多个(M)]: r
指定圆角半径 <0.0000>: 0.6
选择第一个对象或 [放弃(U)/多段线(P)/半径(R)/修剪(T)/多个(M)]: t
输入修剪模式选项 [修剪(T)/不修剪(N)] <不修剪>: t
选择第一个对象或 [放弃(U)/多段线(P)/半径(R)/修剪(T)/多个(M)]: m
选择第一个对象或 [放弃(U)/多段线(P)/半径(R)/修剪(T)/多个(M)]:
选择第二个对象，或按住<Shift>键选择要应用角点的对象:
选择第一个对象或 [放弃(U)/多段线(P)/半径(R)/修剪(T)/多个(M)]:
选择第二个对象，或按住<Shift>键选择要应用角点的对象:
```

结果如图3-13所示。

（3）圆角处理。再次利用【圆角】命令◯，采用不修剪模式将如图3-13所示的边进行圆角处理，半径为0.6mm，结果如图3-14所示。

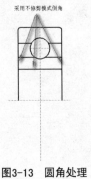

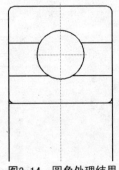

图3-13 圆角处理

图3-14 圆角处理结果

（4）修剪图形。单击【常用】选项卡【修改】面板中的【修剪】命令⊬，修剪掉多余的线条，结果如图3-15所示。

（5）镜像处理。单击【常用】选项卡【修改】面板中的【镜像】命令⚎，选择图3-15中心线上部分为镜像对象、水平中心线为镜像线，镜像轴承的另一半，效果如图3-16所示。

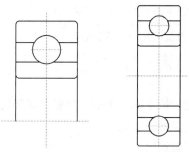

图3-15　修剪图形　　　图3-16　镜像图形

4．绘制轴承的剖面图

（1）填充图案。将当前图层设置为"剖面线层"，单击【常用】选项卡【绘图】面板中的【图案填充】④命令▨，如图3-17所示，打开如图3-18所示的【图案填充创建】选项卡，在【图案】面板中选择"ANSI31"图例，在【特性】面板中设置比例为"1"，在视图中选择如图3-19所示的区域，按【Enter】键，完成图案填充如图3-20所示，完成轴承外圈的填充。

（2）填充图案。重复【图案填充】命令，在打开的【图案填充创建】选项卡中设置角度为90度，选择填充区域，按【Enter】键，轴承内圈的填充结果如图3-21所示。

图3-17　单击【图案填充】命令

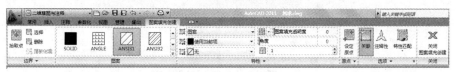

图3-18　【图案填充创建】选项卡

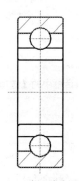
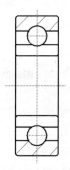
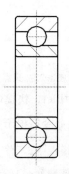

图3-19　选择填充区域　　图3-20　填充轴承外圈　　图3-21　填充轴承内圈

知识点拓展

〔1〕偏移（offset，快捷命令o）

执行此命令，命令行提示如下。

> 当前设置：删除源=否 图层=源 OFFSETGAPTYPE=0
>
> 指定偏移距离或 [通过(T)/删除(E)/图层(L)] <通过>：

选项说明如下。

◆ 偏移距离：输入距离后，按【Enter】键，将在距现有对象指定的距离处创建对象。

◆ 通过：根据指定的通过点绘制出偏移对象。

◆ 删除：偏移源对象后将其删除。

◆ 图层：确定将偏移对象创建在当前图层上还是原对象所在的图层上，可以在不同图层上偏移对象。

〔2〕夹点功能

利用夹点功能可以快速方便地编辑对象，比如拉伸、移动、旋转、缩放或镜像操作。夹点是一些实心的小方框，使用定点设备指定对象时，对象关键点上将出现夹点，如图3-22所示。

要使用钳夹功能编辑对象，必须先打开钳夹功能，打开方法是：单击菜单栏中的【工具】→【选项】命令，系统弹出【选项】对话框，选择【选择集】选项卡，勾选【夹点】选项组中的【显示夹点】复选框。在该选项卡中还可以设置代表夹点的小方格尺寸和颜色，如图3-23所示。

也可以通过GRIPS系统变量控制是否打开钳夹功能，1代表打开，0代表关闭。

打开了钳夹功能后，应该在编辑对象之前先选择对象。夹点表示对象的控制位置。使用夹点编辑对象，要选择一个夹点作为基点，称为基准夹点。然后，选择一种编辑操作：镜像、移动、旋转、拉伸和缩放。可以用按【Space】或【Enter】键循环选择这些功能。

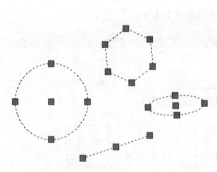

图3-22 夹点显示　　　图3-23 【选项】对话框中的【选择集】选项卡

〔3〕圆角（fillet，快捷命令f）

执行此命令，命令行提示如下。

> 当前设置：模式 = 不修剪，半径 = 1.5000
>
> 选择第一个对象或 [放弃(U)/多段线(P)/半径(R)/修剪(T)/多个(M)]：

选项说明如下。

◆ 第一个对象：选择定义圆角所需的两个对象中的第一个对象。

◆ 放弃：恢复在命令中执行的上一个操作。

◆ 多段线： 在一条二维多段线中两段直线段的节点处插入圆弧。选择多段线后系统会根据指定的圆弧半径把多段线各顶点用圆弧平滑连接起来，如图3-24所示。

图3-24　对多段线倒圆角

◆ 半径： 定义圆角弧的半径。半径为1.5mm和3mm的圆角如图3-25所示。

◆ 修剪：在平滑连接两条边时，是否修剪这两条边，如图3-26所示。

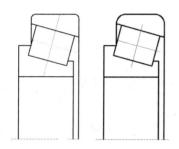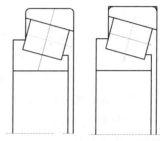

图3-25　半径不同的圆角　　　　　图3-26　是否修剪

◆ 多个：同时对多个对象进行圆角编辑，而不必重新起用命令。

注意　按住【Shift】键并选择两条直线，可以快速创建零距离倒角或零半径圆角。

[4] 图案填充 （hatch，快捷命令h）

执行此命令，弹出【图案填充创建】选项卡，如图3-27所示。

图3-27　【图案填充创建】选项卡

选项说明如下。

◆ 【边界】面板

拾取点：以拾取点的方式自动确定填充区域的边界。在填充的区域内任意拾取一点，系统会自动确定包围该点的封闭填充边界，并且高亮度显示，如图3-28所示。

选择内部点　　　　图案填充边界　　　　结果

图3-28　拾取点填充

"选择"：以选择对象的方式确定填充区域的边界。可以根据需要选择构成填充区域的边界。同样，被选择的边界也会以高亮度显示，如图3-29所示。

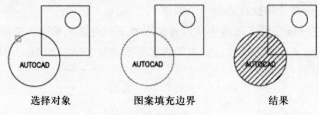

选择对象　　　　　　图案填充边界　　　　　　结果

图3-29　选择对象填充

删除：从边界定义中删除以前添加的任何对象。

重新创建：对选定的图案填充或填充对象创建多段线或面域。

显示边界对象：查看填充区域的边界。

◆ 【图案】面板

显示所有预定义和自定义图案的预览图像。

◆ 【特性】面板

图案填充类型：用于确定填充图案的类型及图案。包括"实体"、"渐变色"、"预定义案"和"用户定义"的填充图案四种类型。

透明度：设定新图案填充或填充的透明度，替代当前对象的透明度。选择"使用当前值"可使用当前对象的透明度设置。

角度：用于指定填充图案相对于X轴的旋转角度。

比例：用于指定填充图案是缩小或者是放大，每种填充图案的初始值都是"1"。

双向：临时定义的填充线是一组平行线，还是相互垂直的两组平行线。只有在【类型】下拉列表框中选择"用户定义"选项时，该复选项才可以使用。

相对图纸空间：是否相对于图纸空间单位来确定填充图案的比例值。使用此复选项，可以很容易地做到以适合于布局的比例显示填充图案。该复选项仅适用于布局。

间距：用户定义图案中的直线间距，只有在【类型】下拉列表框中选择"用户定义"选项，该复选项才可以使用。

ISO笔宽：用户根据所选择的笔宽确定与ISO有关的图案比例。只有选择了已定义的ISO填充图案后，才可确定它的内容。

◆ 【原点】面板

控制填充图案生成的起始位置。某些图案填充（例如砖块图案）需要与图案填充边界上的一点对齐。默认情况下，所有图案填充原点都对应于当前的 UCS 原点。

◆ 【选项】面板

关联：确定填充图案与边界的关系是否关联。关联的图案填充在用户修改其边界时将会更新。

创建独立的图案填充：当指定了几个单独的闭合边界时，控制是创建单个图案填充对象，还是创建多个图案填充对象。

绘图次序：为图案填充或填充指定绘图次序。图案填充可以放在所有其他对象之后、所有其他对象之前、图案填充边界之后或图案填充边界之前。

◆ 【关闭】面板

关闭【图案填充创建】选项卡退出 HATCH 并关闭上下文选项卡。

也可以按【Enter】键或【Esc】键退出 HATCH。

专业知识详解

〔 1 〕 **轴承**

轴承是机械中的固定机件。当其他机件在轴上彼此产生相对运动时，用来保持轴的中心位置及控制该运动的机件，就是轴承。

〔 2 〕 **轴承的作用**

就其作用来讲，轴承用于支撑，即字面解释是用来承轴的，但这只是其作用的一部分。支撑的实质就是能够承担径向载荷，也可以理解为它是用来固定轴的。固定轴使其只能实现转动，而控制其轴向和径向的移动。电机没有轴承的后果就是根本不能工作，因为轴可能向任何方向运动，而电机工作时要求轴只能作转动。从理论上来讲，没有轴承就不可能实现传动的作用；不仅如此，轴承还会影响传动，为了降低这个影响，高速轴的轴承上必须具有良好的润滑。有的轴承本身已经有润滑，叫做预润滑轴承；而大多数的轴承必须有润滑油，否则，在高速运转时，由于摩擦不仅会增加能耗，更可怕的是很容易损坏轴承。我们设计减速器时选择轴承，要选择轴承的润滑方式，要考虑到是溅油润滑还是自润滑。

〔 3 〕 **轴承的分类**

轴承的种类很多，可以轴承的尺寸大小分类，也可按工作的摩擦性质分类，但一般选择是按其所能承受的载荷方向，即根据它的作用来选择，然后再选择大小，决定是滑动轴承还是滚动轴承。按其所能承受的载荷方向分为如下三类。

① 径向轴承，又称向心轴承，承受径向载荷。

② 止推轴承，又称推力轴承，承受轴向载荷。

③ 径向止推轴承，又称向心推力轴承，同时承受径向载荷和轴向载荷。

深沟球轴承是机械工业中使用最为广泛的一类轴承，结构简单，使用维护方便，主要用来承受径向负荷，也可承受一定的轴向负荷。单列深沟球轴承另有密封型设计，可以无须再润滑和保养。

〔 4 〕 **轴承的使用与保管**

轴承在出厂时均涂有适量的防锈油，并用防锈纸包装，只要该包装不被破坏，轴承的质量即可得到保证。我们不能因为好奇打开看看，然后不包裹上就放起来，那对轴承以后的使用是有相当大影响的。

〔 5 〕 **轴承的安装方法**

轴承的安装方法会因轴承类型及配合条件而有所不同。由于一般多为轴旋转，因此内圈与外圈可分别采用过盈配合与间隙配合。外圈旋转时，则外圈采用过盈配合；内圈在往轴上装的时候，不能硬碰硬。轴承的安装方法如下所述。

（1）压入安装

压入安装一般利用压力机，也可利用螺栓与螺母，不得已时可利用手锤进行安装，但必须要在轴承和手锤间垫铜或是别的垫物。

（2）热套安装

将轴承在油中加热，使其膨胀后再安装在轴上的热套方法，可以使轴承避免受不必要的外力，可在短时间内完成安装作业。但要注意一般加热不要超过100℃。

同样，装上了还要拆，定期检查或更换零件时，需要拆卸轴承。通常轴和轴承箱几乎都要继续使用，轴承也往往要继续使用。因此，结构设计要考虑到拆卸轴承时，不至损伤轴承、轴、轴承箱及其他零件，同时还要准备适当的拆卸工具。拆卸静配合的套圈时，只能将拉力加在该套圈上，不得通过滚动体拉拔套圈。而且清洗时，我们通常使用的清洗剂为中性不含水的柴油或煤油，根据需要有时也使用温性碱液等。不论用哪种清洗剂，都要过滤保持清洁。而且如果清洗后不立即安装，应该在轴承上涂敷防锈油或防锈脂。

〖 6 〗 轴承的额定寿命与额定动载荷

（1）轴承的寿命

在一定载荷作用下，轴承在出现点蚀前所经历的转数或小时数，称为轴承的寿命。

由于制造精度和材料均匀程度的差异，即使是同样材料、同样尺寸的同一批轴承，在同样的工作条件下使用，其寿命长短也不相同。为比较轴承抗点蚀的承载能力，规定轴承的额定寿命为一百万（10^6）转时，所能承受的最大载荷为基本额定动载荷，以C表示。若以统计寿命为1单位，最长的相对寿命为4单位，最短的为0.1～0.2单位，最长与最短寿命的比值为20～40。

（2）额定寿命

同样规格（型号、材料、工艺）的一批轴承，在同样的工作条件下使用，90%的轴承不产生点蚀，其所经历的转数或小时数称为轴承额定寿命。

寿命是在轴承设计的初期就要选择的，因为不同寿命的轴承价格是不同的，而价格往往是我们必须和首要考虑的东西。

〖 7 〗 轴承的检查

轴承的检查是经验性比较强的工作，这里介绍大致的检查方式和方法，具体的经验是需要在今后的工作中逐渐积累的。

（1）运行中检查

轴承在运转中都会发出一定的声响。若轴承运转正常，其声音为连续而细小的"沙沙"声，不会有忽高忽低的变化及金属摩擦声。若出现以下几种声音则为不正常现象。

① 轴承运转时有"吱吱"声，这是金属摩擦声，一般为轴承缺油所致，应拆开轴承加注适量润滑脂。

② 出现"唧哩"声，这是滚珠转动时发出的声音，一般为润滑脂干涸或缺油引起，可加注适量油脂。

③ 出现"喀喀"声或"嘎吱"声，则为轴承内滚珠不规则运动而产生的声音，这是轴承内滚珠损坏、电动机长期不用或润滑脂干涸所致。

通过声音进行识别，需要有丰富的经验，必须经过充分的训练才能够识别轴承声音与非轴承声音。为此，应尽量由专人来进行这项工作。用听音器或听音棒贴在外壳上可清楚地听到轴承的声音。

（2）拆卸后检查

先查看轴承滚动体、内外钢圈是否有破损、锈蚀、疤痕等，然后用手捏住轴承内圈，使轴承摆平，另一只手用力推外钢圈，如果轴承良好，外钢圈应转动平稳；转动中无振动和明显的卡滞现象，停转后外钢圈没有倒退现象；否则说明轴承已不能再用了。左手卡住外圈，右手捏住内钢圈，用力向各个方向推动，如果推动时感到很松，说明磨损严重。还要经常检查轴承温度，滑动轴承不得超过60℃，滚动轴承不得超过70℃，滚动轴承运转中的声音要清晰、无杂音。

任务 2 绘制深沟球轴承（6213）

任务参考效果图

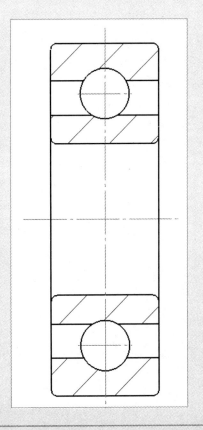

任务背景

本实例所用产品为某标准件厂生产的深沟球轴承6213，此轴承将用于减速器中，在减速器中轴承的配合方式采用的是两个深沟球轴承的组合，同时承受径向和轴向载荷。安装时内圈采用压入配合，外圈采用定位配合。工作中与之配合的轴的转速为7200转/分钟。

任务要求

本实例为深沟球轴承6213，属于向心轴承，承受的径向与轴向力为中等。可以同时承受两个方向的力，且支持的转速较高。额定动载荷为81.8Cr/kN。本轴承内径为60mm、外径为130mm、宽度为46mm，公差等级为标准中的0级，游隙为标准中的0级。

任务分析

本实例主要将运用到【偏移】和【镜像】命令。本实例的制作思路：首先绘制中心线作为定位线，偏移生成其余的直线，之后运用【镜像】命令，然后再绘制深沟球轴承的圆。最后进行细部的修改。

模块 04

设计制作法兰类零件
——修改对象属性

能力目标

1. 能利用编辑命令创建不同类型对象
2. 能利用【特性】选项板修改图形的
   图层，线型以及尺寸等各个属性

专业知识目标

1. 了解法兰盘图形的设计
2. 了解两视图的表达的画法

软件知识目标

1. 掌握【特性】选项板的应用
2. 掌握编辑命令

课时安排

4课时（讲课2课时，练习2课时）

模拟制作任务

任务 1 绘制法兰盘

任务参考效果图

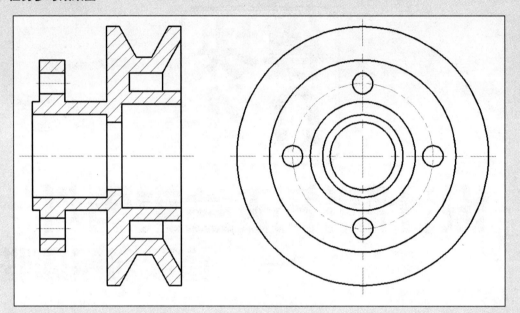

任务背景

本实例零件为CX7560卧式车床上的法兰盘，为盘类零件，用于卧式车床上。车床的变速箱固定在主轴箱上，靠法兰盘定心。法兰盘内孔与主轴的中间轴承外圆相配，外圆与变速箱体孔相配，以保证主轴四个轴承孔同心，使齿轮正确啮合，主要作用实现纵向进给。

任务要求

此零件属于法兰类零件，机构为外圆上钻有定位孔，实现精确定位。法兰盘中部的通孔则给传递力矩的标明通过，本身没有受到多少力的作用。本实例的零件材料是HT200。零件年产量是中批量，而且零件加工的轮廓尺寸不大，在考虑提高生产率保证加工精度后可采用铸造成型。零件形状并不复杂，因此毛坯形状可以与零件的形状尽量接近，内孔不铸出。

任务分析

法兰盘的图形是用比较典型的二视图表示，实例采用的是全剖的方式来表达内部孔，在本例中主要是利用【直线】与【偏移】命令来绘制主视图，以及利用【圆】命令绘制左视图，其中会应用到【阵列】命令来进行多孔的绘制。

制作流程及难点

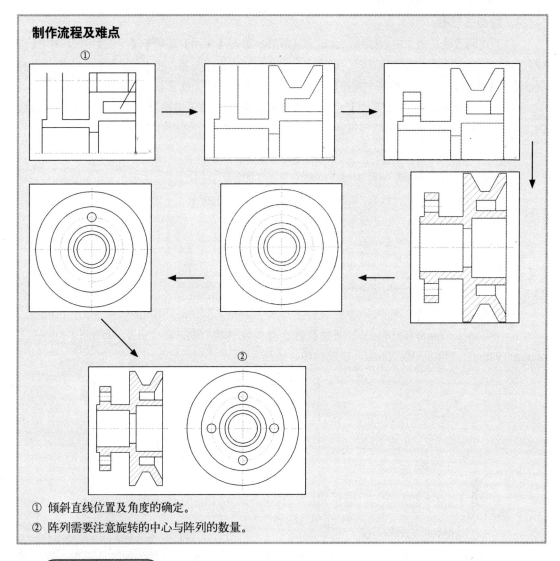

① 倾斜直线位置及角度的确定。
② 阵列需要注意旋转的中心与阵列的数量。

➡ 操作步骤详解

1. 绘图准备

（1）新建文件。单击菜单栏中的【文件】>【新建】命令，或单击快速访问工具栏中的【新建】命令，弹出【选择样板】对话框，在对话框中选择" acadiso.dwt "样板，单击【打开】按钮。

（2）设置图层。单击【常用】选项卡【图层】面板中的【图层特性】命令，弹出【图层特性管理器】对话框，单击【新建图层】按钮，创建"中心线层"、"剖面线层"和"粗实线层"，如图4-1所示。

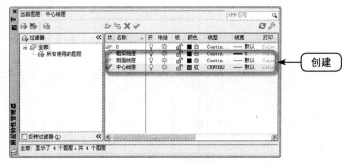

图4-1　图层的设置

2．绘制主视图

（1）绘制直线，将"中心线层"设定为当前层，单击【常用】选项卡【绘图】面板中的【直线】命令✎，绘制一条坐标为（-130，0）、（10，0）的水平中心线；将"粗实线层"设置为当前层，重复【直线】命令✎，绘制一条坐标为（0，0），（0，100）的竖直线，如图4-2所示。

（2）偏移直线。单击【常用】选项卡【修改】面板中的【偏移】命令凸，将水平中心线向上偏移。命令行提示如下。

命令：offset
当前设置：删除源=否　图层=源`OFFSETGAPTYPE=0
指定偏移距离或 [通过(T)/删除(E)/图层(L)] <40.0000>：26
选择要偏移的对象，或 [退出(E)/放弃(U)] <退出>(拾取水平中心线)
指定要偏移的那一侧上的点，或 [退出(E)/多个(M)/放弃(U)] <退出>：（鼠标在水平中心线上方单击）
选择要偏移的对象，或 [退出(E)/放弃(U)] <退出>：

重复【偏移】命令，将水平中心线向上偏移26mm、32mm、40mm、42mm、50mm、60mm、64mm、76mm和100mm。同理将竖直线向左偏移10mm、42mm、48mm、50mm、60mm、94mm、114mm和120mm，效果如图4-3所示。

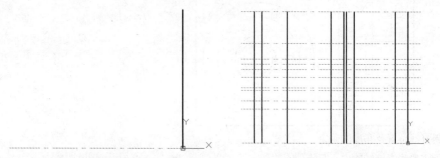

图4-2　绘制中心线　　　　　　　　　图4-3　偏移直线

（3）修改线型。选择如图4-4所示的线段，右击，弹出如图4-5所示的快捷菜单，在快捷菜单中选择【特性】选项，弹出【特性】选项板①，如图4-6所示。在【图层】下拉列表中选择"粗实线层"选项，选中的线段由"中心线层"转换为"粗实线层"，结果如图4-7所示。

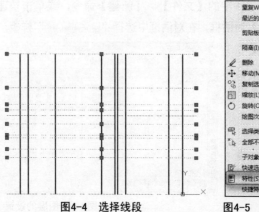

图4-4　选择线段　　　　　　　图4-5　快捷菜单

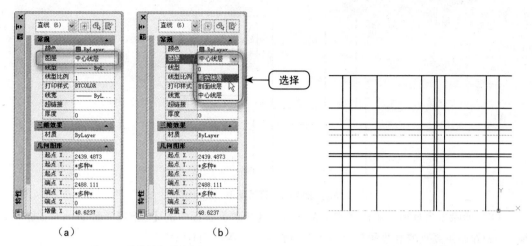

（a）　　　　　　　　（b）

图4-6　【特性】选项板　　　　　　　　　图4-7　转换图层

（4）修剪图形。单击【常用】选项卡【修改】面板中的【修剪】命令 ，修剪掉多余的线条，效果如图4-8所示。

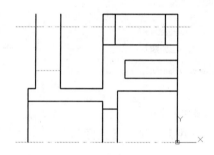

图4-8　修剪图形

（5）绘制斜线。单击【常用】选项卡【绘图】面板中的【直线】命令 ，绘制倾斜的直线，首先选择最上端的中心线与最右端竖直线的交点，然后以输入相对极坐标"@40<240"，结果如图4-9所示。

（6）绘制其余斜线。采用同样的方式绘制上端的两个倾斜的直线，左边斜线第二点相对极坐标为"@30<300"，右边斜线第二点的相对坐标为"@30<240"，结果如图4-10所示。

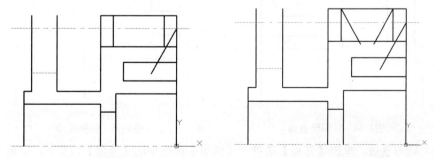

图4-9　绘制斜线　　　　　　　　　图4-10　绘制其余两条斜线

（7）修剪图形。单击【常用】选项卡【修改】面板中的【修剪】命令 ，修剪掉多余的线条，效果如图4-11所示。

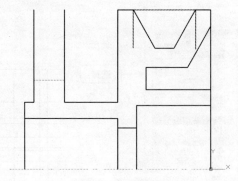

图4-11　修剪图形

（8）删除多余直线。单击【常用】选项卡【修改】面板中的【删除】②命令 ，如图4-12所示，删除两条竖直的直线和最上端水平中心线，结果如图4-13所示。

图4-12　单击【删除】命令　　　　　　　　图4-13　删除竖直线

（9）绘制直线。单击【常用】选项卡【绘图】面板中的【直线】命令 ，绘制竖直的一条直线，结果如图4-14所示。

（10）偏移直线。单击【常用】选项卡【修改】面板中的【偏移】命令 ，将最上端的水平中心线向上偏移，偏移距离为8mm和18mm；重复【偏移】命令，继续将此中心线向下偏移，偏移距离为8mm，并将偏移后的直线转换到粗实线层，结果如图4-15所示。

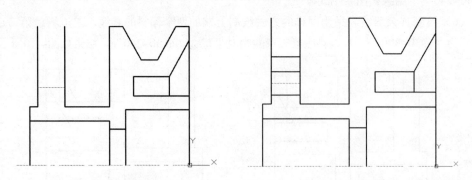

图4-14　绘制竖直线　　　　　　　　图4-15　偏移处理

（11）修剪直线。单击【常用】选项卡【修改】面板中的【修剪】命令 ，修剪掉多余的线条，效果如图4-16所示。

（12）镜像图形。单击【常用】选项卡【修改】面板中的【镜像】命令 ，将图4-17中所有图形沿水平中心线进行镜像处理。

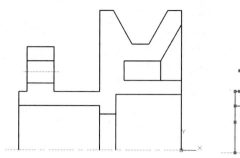

图4-16　修剪图形

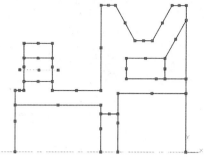

图4-17　选择要镜像的图形

命令提示操作如下。

> 命令: mirror
>
> 选择对象: （拾取图4-17中所示的图形）
>
> 指定镜像线的第一点: （捕捉水平中心线的一端点）
>
> 指定镜像线的第二点: （捕捉水平中心线的另一端点）
>
> 要删除源对象吗? [是(Y)/否(N)] <N>:

结果如图4-18所示。

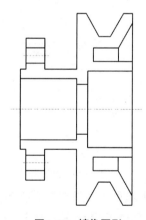

图4-18　镜像图形

（13）偏移直线。单击【常用】选项卡【修改】面板中的【偏移】命令，将下端的短水平中心线向两侧偏移，偏移距离分别为2mm和2.5mm。并将偏移距离为2mm的线段转换到粗实线层，将偏移距离为2.5mm的线段转换到细实线层。

（14）填充图案。将"剖面线层"设置为当前图层，单击【常用】选项卡【绘图】面板中的【图案填充】命令，打开如图4-19所示的【图案填充创建】选项卡，在【图案】面板中选择"ANSI31"图例，在【特性】面板中设置比例为"2"，在视图中选取要填充的区域，按【Enter】键完成图案填充，结果如图4-20所示。

图4-19　【图案填充创建】选项卡

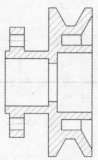

图4-20 填充图案

3. 绘制左视图

（1）绘制中心线。将"中心线层"设定为当前层，单击【常用】选项卡【绘图】面板中的【直线】命令，绘制一条水平中心线和竖直中心线，如图4-21所示。

（2）绘制图。将"粗实线层"设置为当前图层，单击【常用】选项卡【绘图】面板中的【圆】命令，以上步中心线的交点为圆心，分别绘制半径为26mm、32mm、42mm、56mm、74mm和100mm的六个圆；并将半径为56mm的圆切换到中心线层，如图4-22所示。

（3）绘制图。单击【常用】选项卡【绘图】面板中的【圆】命令，以竖中心线与中心线圆的交点为圆心，绘制半径分别为8mm的圆，如图4-23所示。

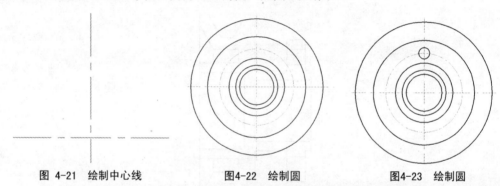

图 4-21　绘制中心线　　　　图4-22　绘制圆　　　　图4-23　绘制圆

（4）阵列图形。单击【常用】选项卡【修改】面板中的【阵列】[3]命令，如图4-24所示，弹出【阵列】对话框，如图4-25所示。在该对话框中选择【环形阵列】，输入项目总数为"4"、填充角度为"360"，单击【拾取中心点】按钮，单击【选择对象】按钮，在视图中拾取圆心，返回到【阵列】对话框，单击【选择对象】按钮，在视图中选择如图4-26所示的圆为阵列对象，拾取完毕后返回到【阵列】对话框，单击【确定】按钮，结果如图4-27所示。

图4-24　单击【阵列】命令　　　　图4-25　【阵列】对话框

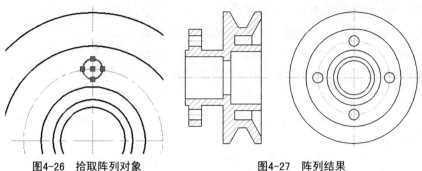

图4-26 拾取阵列对象　　　　　　图4-27 阵列结果

知识点拓展

〔1〕【特性】选项板（properties）

执行【特性】命令，打开【特性】选项板。当选择多个对象时，【特性】选项板中仅显示所有选定对象的公共特性；未选定任何对象时，仅显示常规特性的当前设置，如图4-28所示。

通过它可以方便地设置或修改对象的各种属性。不同的对象属性种类和值不同，修改属性值，对象改变为新的属性。具体方法如下。

①在相应的属性文本框中输入新值。

②在相应的属性文本框中单击，在弹出的右侧的下拉列表中选择一个值。

③单击"拾取点"按钮，使用定点设备修改坐标值。

④在相应的属性文本框中单击，在弹出的计算器圖上计算新值。

图4-28 【特性】选项板

〔2〕删除（erase，快捷命令e）

执行【删除】命令，命令行提示如下。

选择对象:

这里可以直接选择要删除的对象，也可以输入一个选项来删除对象。例如输入"L"，则删除上一个对象；输入"ALL"，则删除所有对象。

可以先选择对象后再调用【删除】命令，也可以先调用【删除】命令再选择对象。

当选择多个对象时，多个对象都被删除；若选择的对象属于某个对象组，则该对象组中的所有对象都被删除。

〔3〕阵列（array，快捷命令ar）

执行【阵列】命令，弹出如图4-29所示的【阵列】对话框。

选项说明如下。

（1）【矩形阵列】单选按钮：控制行和列的数目以及它们之间的距离来创建副本，选择该单选按钮后如图4-29所示。

①行数：指定阵列中的行数。如果只指定了一行，则必须指定多列。

②列数：指定阵列中的列数。如果只指定了一列，则必须指定多行。

③【偏移距离和方向】选项组：指定阵列偏移的距离和方向。

a."行偏移"：两行之间的距离，要向下添加行，请指定负值。

b."列偏移"：两列之间的距离，要向左边添加列，请指定负值。

c."阵列角度"：指定旋转角度。

（2）【环形阵列】单选按钮：控制对象副本的数目并决定是否旋转副本，选择该单选按钮后如图4-30所示。

 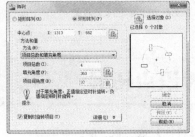

图4-29 【阵列】对话框1　　　　　　图4-30 【阵列】对话框2

①中心点：环形阵列的圆心。可以直接在"X"和"Y"文本框中输入坐标值，也可以单击⬚按钮，在绘图区中拾取。

②【方法和值】选项组：用于定位环形阵列中的对象的方法和值。

a.方法：包括"项目总数和填充角度"、"项目总数和项目间的角度"和"填充角度和项目间的角度"三种方法。

b.项目总数：设置阵列的对象数目。

c.填充角度：阵列中第一个和最后一个元素的基点之间的包含角。

d.项目间角度：两阵列对象之间的夹角。

③复制时旋转项目：勾选此复选框，复制阵列对象的同时旋转对象。

专业知识详解

[1] 法兰

法兰又称法兰盘或凸缘，是一种盘状零件。在管道工程中最为常见，其使管子与管子相互连接于管端。法兰上有孔眼，可穿螺栓，使两法兰紧连（法兰间用衬垫密封）。法兰管件指带有法兰（凸缘或接盘）的管件，它可能是浇铸而成，也可由螺纹连接或焊接构成。

法兰连接由一对法兰、一个垫片及若干个螺栓螺母组成。垫片放在两法兰密封面之间，拧紧螺母后，垫片表面上的比压达到一定数值后产生变形，并填满密封面上凹凸不平处，使连接严密不漏。有的管件和器材已经自带法兰盘，也是属于法兰连接。法兰连接是管道施工的重要连接方式，使用方便，能够承受较大的压力。在工业管道中，法兰连接的使用十分广泛。在家庭内，管道直径小，而且是低压，所以看不见法兰连接。如果在一个锅炉房或者生产现场，将到处都是法兰连接的管道和器材。水泵和阀门和管道连接时，这些器材设备的局部也制成相对应的法兰形状，也称为法兰连接。

凡是在两个平面周边使用螺栓连接同时封闭的连接零件，一般都称为"法兰"，如通风管道的连接。这一类零件有的可以称为"法兰类零件"，但是这种连接只是一个设备的局部，如法兰和水泵的连接，就不好把水泵叫"法兰类零件"；而比较小型的如阀门等，就可以叫"法兰类零件"。通俗地讲，法兰盘的作用就是使得管件连接处固定并密封。

〖2〗**法兰的结构形式**

法兰的结构形式包括如下几种。

①螺纹法兰。

②焊接法兰，包括对焊法兰、带颈平焊法兰、带颈承插焊法兰及板式平焊法兰。

③松套法兰，包括对焊环松套带颈法兰、对焊环松套板式法兰、平焊环松套板式法兰及板式翻过松套法兰。

④法兰盖（盲孔法兰）。

〖3〗**法兰的使用**

法兰都是成对使用的。在需要连接的管道中各安装一片法兰盘，对于低压小直径管道的连接有丝接法兰，高压和低压大直径管道的连接都是使用焊接法兰，可承受不同压力的法兰盘，其厚度及连接螺栓的直径和数量是不同的。

①平焊钢法兰：适用于公称压力不超过2.5MPa的碳素钢管道连接。平焊法兰的密封面可以制成光滑式、凹凸式和榫槽式三种。光滑式平焊法兰的应用量最大，多用于介质条件比较缓和的情况下，如低压非净化压缩空气、低压循环水；它的优点是价格比较便宜。

②对焊钢法兰：用于法兰与管子的对口焊接。其结构合理，强度与刚度较大，经得起高温高压及反复弯曲和温度波动，密封性可靠。公称压力为0.25～2.5MPa的对焊法兰采用凹凸式密封面。

③承插焊法兰：常用于PN≤10.0MPa、DN≤40的管道中。

〖4〗**法兰参数**

PN就是公称压力，在国际单位制中表示单位是MPa，在工程单位制中是kgf/cm^2。

公称压力的确定不仅要根据最高工作压力，还需根据最高工作温度和材质特性，而不仅仅只满足公称压力大于工作压力。

法兰还有个参数是DN，DN是表示法兰尺寸的参数。

〖5〗**法兰材质**

本实例所用法兰的材料为20#钢，耐压力为25kg。

耐压力25kg的法兰可以用在耐压力要求为16kg的管路上。

规格尺寸只与联结的管路相关。

法兰根据使用情况不同，如工作介质的温度、压力、腐蚀等，有不同的材质要求，不能混用。如果混用，有可能会造成破裂、爆炸等事故，后果严重。

法兰材质有20#、A105、Q235A、12Cr1MoV、16MnR、15CrMo、18-8、321、304、304L、316及316L等。

〖6〗**法兰标准**

法兰标准包括国标（GB/T 9115—2000）、机械部标准（JB82—1994）以及化工部标准（HG J50～53—1991、HG 20595—1997、HG 20617—1997）、电力部标准（GD0508～0509）、美国标

准（ASME/ ANSI B16.5）、日本标准（JIS/KS 5K、10K、16K、20K）、德国标准（DIN）。

我国钢制管法兰国家标准体系GB参数如下。

（1）公称压力：0.25～42.0MPa

◆ 系列1：PN1.0, PN1.6, PN2.0, PN5.0, PN10.0, PN15.0, PN25.0, PN42（主系列）。

◆ 系列2：PN0.25, PN0.6, PN2.5, PN4.0。

其中，PN0.25、PN0.6、PN1.0、PN1.6、PN2.5及PN4.0的法兰尺寸系属于以德国法兰为代表的欧洲法兰体系，其余属美国法兰为代表的美洲法兰体系。

在GB标准中，从属于欧洲法兰体系的公称压力级最大为4MPa，从属于美洲法兰体系的公称压力级最大为42MPa。

（2）公称通径：10～4000mm

法兰密封面的形式有三种：平面型密封面，适用于压力不高、介质无毒的场合；凹凸密封面，适用于压力稍高的场合；榫槽密封面，适用于易燃、易爆、有毒介质及压力较高的场合。但垫片也在法兰连接里，是不可缺少的部件。

任务 2 绘制齿轮泵法兰盘

任务参考效果图

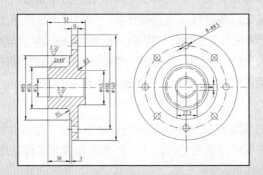

任务背景

本实例所用产品为齿轮泵上所用法兰盘，法兰类零件基本形状为扁平的盘状。它们主要是在车床上加工。本实例中法兰为某齿轮泵厂的定型产品，为一系列零件。此零件为其中产量最大，也是比较典型的。

任务要求

本实例为齿轮泵中的法兰盘，材料采用HT150，右端有φ140的凸缘，凸缘上的八个φ8.5的圆柱孔，就是用于通过双头螺柱的，本法兰盘的主视图采用剖视图，采用剖视可以层次分明，能够显示均布的圆孔形状和其相对位置，并且也符合它主要的加工位置。仅采用主视图还不能完整表达零件，此时就增加了右视图。以显示法兰盘中的槽及八个均布的通孔等。

任务分析

本实例主要将运用到【直线】、【偏移】命令来绘制左视图，以及利用【圆】命令绘制右视图，其中会应用到【阵列】命令来进行多孔的绘制。

模块 05

设计制作叉架类零件

——精确定位工具

能力目标

1. 能利用精确定位工具创建图形提高绘图效率
2. 能利用夹点工具拉伸、移动或缩放对象

专业知识目标

1. 掌握一般叉架类零件的绘制
2. 学会主视图与剖视图两个视图的绘制方法

软件知识目标

1. 掌握中心线及构造线辅助绘图
2. 掌握正交模式绘图
3. 掌握夹点功能的使用

课时安排

4课时（讲课2课时，实践2课时）

模拟制作任务

任务 1 绘制底座支架

任务参考效果图

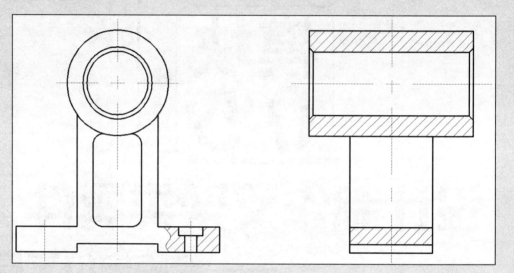

任务背景

本实例为绘制安装轴系的底座支架。底座支架属于叉架类零件，叉架类零件通常是安装在机器设备的基础件上，装配和支持着其他零件的构件。工作中，零件内表面要受到轴套压力与冲击，因此客户对零件的刚度有一定的要求，零件的里面要与其他零件的表面相配合，要有一定的尺寸精度和形位精度。

任务要求

此零件是底座支架零件，为典型的叉架类零件。本实例需要加工的底座支架批量大、镗孔位置精度高。加工时首先根据叉架的设计基准确定工艺定位基准。在镗模上，以定位基准为坐标系的原点，以足够精度的坐标制出与叉架相应的孔并镶有耐磨的衬套（镗套）。另外本零件具有要求高同心度对穿孔，须用设有专用镗杆和导向支承的镗孔工装，需在镗床上镗削。

任务分析

底座支架的绘制是复杂二维图形制作中比较典型的实例，在本例中主要是利用【圆】命令绘制主视图上半部分，以及利用【修剪】、【圆角】等命令来实现整个图形绘制。本实例的制作思路：首先绘制中心线和辅助线作为定位线，并且作为绘制其他视图的辅助线，然后再绘制主视图和剖视图。

制作流程及难点

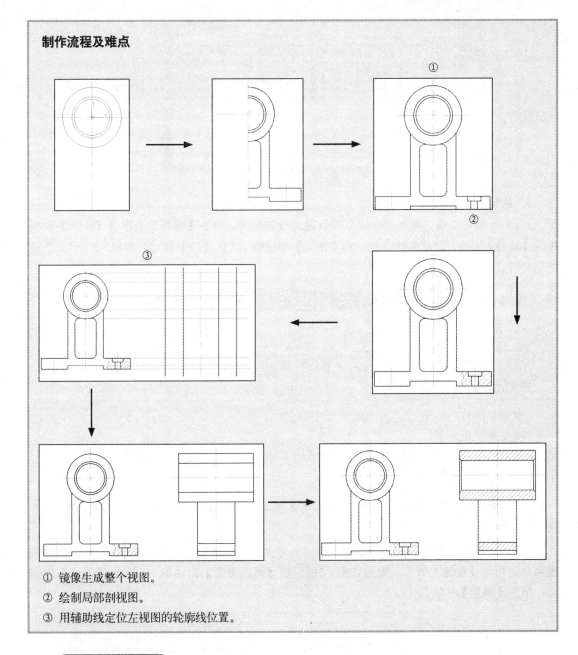

① 镜像生成整个视图。

② 绘制局部剖视图。

③ 用辅助线定位左视图的轮廓线位置。

➔ 操作步骤详解

1. 新建文件

（1）创建图形。单击菜单栏中的【文件】>【新建】命令，或单击快速访问工具栏中的【新建】命令 ，在弹出的【选择样板】对话框中选择相应的模板，单击【打开】按钮，创建新图形。

（2）创建图层。单击【常用】选项卡【图层】面板中的【图层特性】命令 ，弹出【图层特性管理器】对话框，单击【新建图层】按钮 ，创建"中心线"、"辅助线"、"粗实线"和"剖面线"，如图5-1所示。

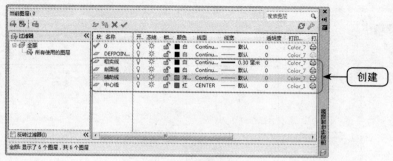

图5-1　图层的设置

2．绘制主视图

（1）绘制中心线。将"中心线"层设定为当前图层，单击【常用】选项卡【绘图】面板中的【直线】命令 ，单击状态栏中的【正交】按钮 （或按【F8】键），如图5-2所示。切换到正交模式[①]，绘制水平和竖直中心线。

单击

图5-2　状态栏

命令行操作与提示如下。

```
命令: line
指定第一点: -30, 0
指定下一点或[放弃(U)]: <正交 开>60（切换到正交模式后鼠标向右移动）
指定下一点或[放弃(U)]:
```

用同样的方法重复【直线】命令绘制两条线段，端点坐标分别为（0，-80）和（0，30），结果如图5-3所示。

（2）设置捕捉对象。右击状态栏中的【对象捕捉】按钮 ，弹出如图5-4所示的右键快捷菜单，单击【设置】命令，弹出如图5-5所示的【草图设置】对话框[②]，勾选【交点】复选框，单击【确定】按钮。

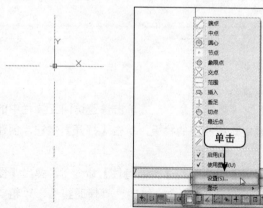

图5-3　绘制的十字中心线

单击

图5-4　右键快捷菜单

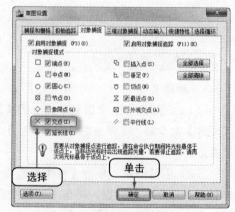

选择　　单击

图5-5　【草图设置】对话框

（3）绘制圆。单击【常用】选项卡【绘图】面板中的【圆】命令◎，单击状态栏中的【对象捕捉】按钮▢（或按【F3】键），打开对象捕捉，捕捉两直线的交点为圆心，绘制半径为15mm、17mm和25mm的三个圆，结果如图5-6所示。

（4）偏移直线。单击【常用】选项卡【修改】面板中的【偏移】命令▤，将竖直线向右偏移，偏移距离为12mm、20mm、36mm和50mm。重复【偏移】命令，将水平线向下偏移，偏移距离分别为68mm，76mm和80mm。将除水平向右侧偏移距离为36mm的直线外的其他直线转换成粗实线层，结果如图5-7所示。

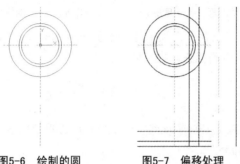

图5-6　绘制的圆　　　　　　图5-7　偏移处理

（5）延伸图形。单击【常用】选项卡【修改】面板中的【延伸】[3]命令➡，如图5-8所示。将图5-7中下部的三条粗实线延伸至最右端直线，先选择最右端的直线，按【Enter】确定，然后选取三条粗实线的中心线右边的部分。

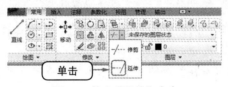

图5-8　单击【延伸】命令

命令行操作与提示如下.

```
命令: extend
当前设置: 投影=UCS, 边=延伸
选择边界的边...
选择对象或〈全部选择〉:  找到 1 个
选择对象:
选择要延伸的对象, 或按住 Shift 键选择要修剪的对象, 或[栏选(F)/窗交(C)/投影
(P)/边(E)/放弃(U)]:  指定对角点:（框选三条粗实线）
选择要延伸的对象, 或按住 Shift 键选择要修剪的对象, 或[栏选(F)/窗交(C)/投影
(P)/边(E)/放弃(U)]:
```

结果如图5-9所示。

（6）删除多余的线段。单击【常用】选项卡【修改】面板中的【修剪】命令➡和【删除】命令▧，修剪和删除多余的线段，结果如图5-10所示。

（7）调整中心线长度。运用AutoCAD中的夹点功能将剪切得到的短中心线长度调整到合适的位置，结果如图5-11所示。

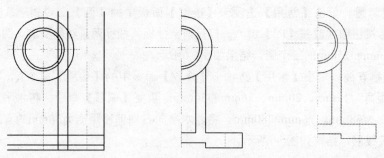

图5-9 延伸后的图形   图5-10 修剪和删除处理   图5-11 调整中心线

（8）圆角处理。单击【常用】选项卡【修改】面板中的【圆角】命令▱，利用不修剪模式对图形进行圆角处理。命令行操作与提示如下。

```
命令: fillet
当前设置: 模式 = 修剪, 半径 = 0.0000
选择第一个对象或 [放弃(U)/多段线(P)/半径(R)/修剪(T)/多个(M)]: R
指定圆角半径 <0.0000>: 5
选择第一个对象或 [放弃(U)/多段线(P)/半径(R)/修剪(T)/多个(M)]: T
输入修剪模式选项 [修剪(T)/不修剪(N)] <修剪>: N
选择第一个对象或 [放弃(U)/多段线(P)/半径(R)/修剪(T)/多个(M)]: （选择线1）
选择第二个对象, 或按住 Shift 键选择要应用角点的对象: （选择线2）
```

（9）重复【圆角】命令，对圆弧另外一个端点进行修剪操作，半径为5mm，结果如图5-12所示。

（10）修剪处理。单击【常用】选项卡【修改】面板中的【修剪】命令✄，对图形进行修剪操作，结果如图5-13所示。

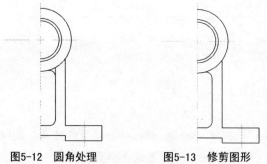

图5-12 圆角处理   图5-13 修剪图形

（11）镜像处理。单击【常用】选项卡【修改】面板中的【镜像】命令⚠，选择图5-13中竖直中心线右边部分为镜像对象，竖直中心线为镜像线，镜像图形的另一半，效果如图5-14所示。

（12）偏移直线。单击【常用】选项卡【修改】面板中的【偏移】命令▱，将图5-14中水平粗实线1向下偏移，偏移距离为4mm。重复【偏移】命令，将图5-14中竖直中心线2向两侧偏移，偏移距离分别为3mm和6mm。并把偏移后的直线转换成粗实线层，结果如图5-15所示。

（13）修剪处理。单击【常用】选项卡【修改】面板中的【修剪】命令，对图形进行修剪操作，结果如图15-16所示。

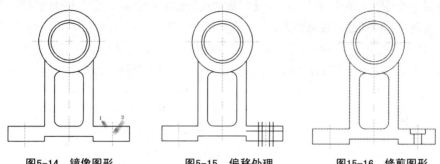

图5-14　镜像图形　　　　图5-15　偏移处理　　　　图15-16　修剪图形

（14）绘制曲线。将"细实线"层设置为当前图层，单击【常用】选项卡【绘图】面板中的【样条曲线】命令，如图5-17所示，绘制样条曲线。结果如图5-18所示。

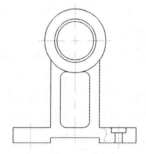

图5-17　单击【样条曲线】命令　　　　图5-18　绘制样条曲线

（15）填充图案。将"剖面线"层设置为当前图层，单击【常用】选项卡【绘图】面板中的【图案填充】命令，打开如图5-19所示的【图案填充创建】选项卡，在【图案】面板中选择"ANSI31"图例，在【特性】面板中设置比例为"1"，在视图中选取要填充的区域，按【Enter】键，完成图案填充，结果如图5-20所示。

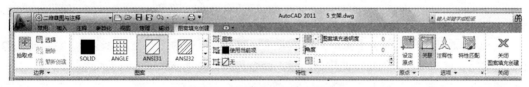

图5-19　【图案填充创建】选项卡

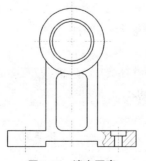

图5-20　填充图案

3．绘制剖视图

（1）绘制辅助线。将"辅助线"层设置为当前图层，单击【常用】选项卡【绘图】面板中的【直线】命令✐，单击状态栏中的【对象捕捉追踪】按钮✍（或按【F11】键），打开对象捕捉，绘制水平辅助线，结果如图5-21所示。

（2）绘制直线。将"中心线"层设定为当前图层，单击【常用】选项卡【绘图】面板中的【直线】命令✐，在合适位置绘制一条竖直中心线，结果如图5-22所示。

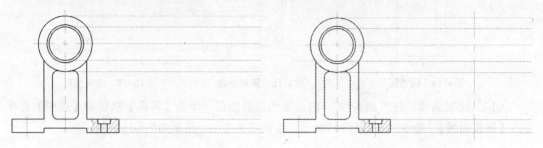

图5-21　绘制辅助线　　　　　　　　　　　　图5-22　绘制竖直线

（3）偏移直线。单击【常用】选项卡【修改】面板中的【偏移】命令☖，将上步绘制竖直中心线向左右两侧偏移20mm和40mm，并把偏移后的直线转换成粗实线层，结果如图5-23所示。

（4）修剪处理。单击【常用】选项卡【修改】面板中的【修剪】命令-／，对图形进行修剪操作，并将修剪的直线更改为粗实线层。结果如图5-24所示。

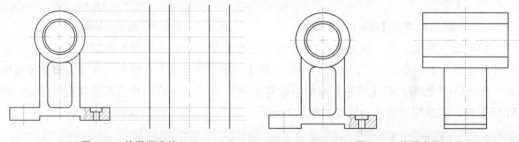

图5-23　偏移竖直线　　　　　　　　　　　　图5-24　修剪直线

（5）对通孔倒角。单击【常用】选项卡【修改】面板中的【倒角】命令◻，绘制通孔的倒角，采用不修剪模式，倒角距离均为2mm。命令行操作与提示如下：

```
命令：chamfer
（"修剪"模式）当前倒角距离 1 = 0.0000，距离 2 = 0.0000
选择第一条直线或 [放弃(U)/多段线(P)/距离(D)/角度(A)/修剪(T)/方式(E)/多个(M)]：T
输入修剪模式选项 [修剪(T)/不修剪(N)] <修剪>：N
选择第一条直线或 [放弃(U)/多段线(P)/距离(D)/角度(A)/修剪(T)/方式(E)/多个(M)]：D
指定第一个倒角距离 <0.0000>：2.0000
指定第二个倒角距离 <2.0000>：
选择第一条直线或 [放弃(U)/多段线(P)/距离(D)/角度(A)/修剪(T)/方式(E)/多个
(M)]（选择倒角的第一条边）
```

选择第二条直线，或按住 Shift 键选择要应用角点的直线：（选择倒角的第二条边）

命令：chamfer

（"不修剪"模式）当前倒角距离 1 = 2.0000，距离 2 = 2.0000

选择第一条直线或 ［放弃(U)/多段线(P)/距离(D)/角度(A)/修剪(T)/方式(E)/多个(M)］：（选择倒角的第一条边）

选择第二条直线，或按住 Shift 键选择要应用角点的直线：（选择倒角的第二条边）

用同样的方法，对其余三处进行倒角处理结果如图5-25所示。

（6）修剪处理。单击【常用】选项卡【修改】面板中的【修剪】命令，对图形进行修剪操作，修剪掉多余的直线，结果如图5-26所示。

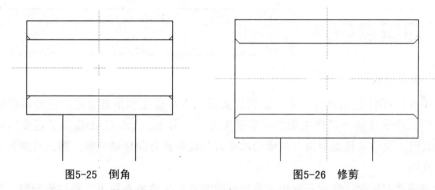

图5-25　倒角　　　　　　　　　　图5-26　修剪

（7）绘制直线。单击【常用】选项卡【绘图】面板中的【直线】命令，捕捉倒角的端点绘制两条竖直直线，结果如图5-27所示。

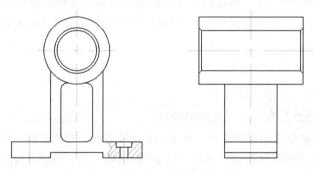

图5-27　绘制直线

（8）填充图案。将"剖面线"层设置为当前图层，单击【常用】选项卡【绘图】面板中的【图案填充】命令，打开如图5-28所示的【图案填充创建】选项卡，在【图案】面板中选择"ANSI31"图例，在【特性】面板中设置比例为"1"，在视图中选取要填充的区域，按【Enter】键，完成图案填充，结果如图5-29所示。

图5-28　【图案填充创建】选项卡

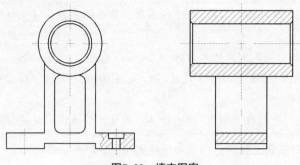

图5-29　填充图案

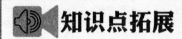

〖 1 〗 正交模式

在用AutoCAD绘图的过程当中，经常需要绘制水平直线和垂直直线，但是用鼠标拾取线段的端点时很难保证两个点严格沿水平或垂直方向，为此，AutoCAD提供了正交功能，当启用正交模式时，画线或移动对象时只能沿水平方向或垂直方向移动光标，因此只能画平行于坐标轴的正交线段。

创建或移动对象时，使用正交模式将光标限制在水平或垂直轴上。移动光标时，不管水平轴或垂直轴哪个离光标最近，拖引线将沿着该轴移动。

在绘图和编辑过程中，可以随时打开或关闭正交。输入坐标或指定对象捕捉时将忽略正交。要临时打开或关闭正交，请按住临时替代键【SHIFT】。使用临时替代键时，无法使用直接距离输入方法。

〖 2 〗 草图设置

【草图设置】对话框如图5-30所示。

（1）【捕捉和栅格】选项卡，如图5-30所示。

①启用捕捉：控制捕捉功能的开关，与【F9】快捷键或状态栏上的"捕捉"功能相同。

②捕捉间距：设置捕捉各参数。其中"捕捉X轴间距"与"捕捉Y轴间距"确定捕捉栅格点在水平和垂直两个方向上的间距。

③捕捉类型：确定捕捉类型，包括"栅格捕捉"、"矩形捕捉"和"等轴测捕捉"三种方式。

a. 栅格捕捉:指按正交位置捕捉位置点。

b. 矩形捕捉：捕捉栅格是标准的矩形。

c. 等轴测捕捉：捕捉栅格和光标十字线不再互相垂直，而是成绘制等轴测图时的特定角度，这种方式对于绘制等轴测图是十分方便的。

④启用栅格：用于控制是否显示栅格。

⑤栅格间距：用于设置栅格在水平与垂直方向的间距。

⑥栅格行为：控制将GRIDSTYLE 设置为"0"式时，所显示栅格线的外观。

（2）【极轴追踪】选项卡，如图5-31所示。

图5-30 【草图设置】对话框的【捕捉和栅格】选项卡　图5-31 【草图设置】对话框的【极轴追踪】选项卡

①启用极轴追踪：勾选该复选框，即启用极轴追踪功能。

②极轴角设置：设置极轴角的值。可以在【增量角】下拉列表框中选择一种角度值；也可勾选【附加角】复选框，单击【新建】按钮设置任意附加角，系统在进行极轴追踪时，同时追踪增量角和附加角，可以设置多个附加角。

③对象捕捉追踪设置和极轴角测量：按界面提示设置相应单选按钮。

（3）【对象捕捉】选项卡，如图5-32所示。

①启用对象捕捉：打开或关闭对象捕捉方式。当勾选此复选框时，在【对象捕捉模式】选项组中选中的捕捉模式处于激活状态。

②启用对象捕捉追踪：打开或关闭自动追踪功能。

③对象捕捉模式：列出各种捕捉模式的复选项，选中则该模式被激活。单击【全部清除】按钮，则所有模式均被清除；单击【全部选择】按钮，则所有模式均被选中。

（4）【三维对象捕捉】选项卡，如图5-33所示。

图5-32 【草图设置】对话框的【对象捕捉】选项卡　图5-33 【草图设置】对话框的【三维对象捕捉】选项卡

①三维对象捕捉开：打开和关闭三维对象捕捉。

②顶点：捕捉到三维对象的最近顶点。

③边中点：捕捉到面边的中点。

④面中心：捕捉到面的中心。

⑤节点：捕捉到样条曲线上的节点。

⑥垂足：捕捉到垂直于面的点。

⑦最靠近面：捕捉到最靠近三维对象面的点。

⑧全部选择：打开所有三维对象捕捉模式。

⑨全部清除：关闭所有三维对象捕捉模式。

（5）【动态输入】选项卡，如图5-34所示。

①启用指针输入：打开或关闭指针输入。十字光标位置的坐标值将显示在光标旁边。

②可能对启用标注输入：当命令提示用户输入第二个点或距离时，将显示标注和距离值与角度值的工具提示，标注工具提示中的值将随光标移动而更改。可以在工具提示中输入值，而不用在命令行上输入值。

（6）【快捷特性】选项卡，如图5-35所示。

图5-34 【草图设置】对话框的【动态输入】选项卡　图5-35 【草图设置】对话框的【快捷特性】选项卡

①启用快捷特性选项板：可以根据对象类型打开关闭【快捷特性】选项板。

②选项板显示：设置【快捷特性】选项板的显示方式。

③选项板位置：设置【快捷特性】选项板的设置。

④选项板行为： 设置【快捷特性】选项板的行为。

a. 自动收拢选项板：在空闲状态下仅显示指定数量的特性。

b. 最小行数：设置要以收拢的空闲状态显示的最少行数。

〔3〕延伸（extend，快捷命令ex）

执行此命令，命令行提示如下。

> 当前设置:投影=UCS，边=延伸
>
> 选择边界的边...
>
> 选择对象或＜全部选择＞:
>
> 选择要延伸的对象，或按住＜Shift＞键选择要修剪的对象，或[栏选(F)/窗交(C)/投影(P)/边(E)/放弃(U)]:

选项说明如下。

◆ 选择对象：使用选择的对象来定义对象延伸到的边界。

◆ 按住【Shift】键选择要修剪的对象：选择对象时，如果按住【Shift】键，系统就会自动将【延伸】命令转换成【修剪】命令。

◆ 栏选： 选择与选择栏相交的所有对象为要延伸的对象，示意图如图5-36所示。

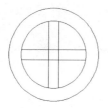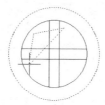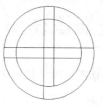

图5-36 "栏选"延伸对象

◆ 窗交：选择矩形区域（由两点确定）内部或与之相交的对象为延伸对象，示意图如图
5-37所示。

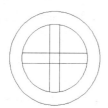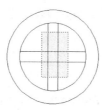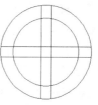

图5-37 "窗交"延伸对象

其他选项读者可以参照【修剪】命令中的相同选项，在这里就不一一说明了。

〖 4 〗样条曲线（spline　快捷命令spl）

执行此命令，命令行提示如下。

```
命令: spline
指定第一个点或 [方式(M)/节点(K)/对象(O)]:（指定一点或选择"对象(O)"选项）
输入下一个点或 [起点切向(T)/公差(L)]:
输入下一个点或 [端点相切(T)/公差(L)/放弃(U)/闭合(C)]: c
```

选项说明如下。

◆ 对象：将二维或三维的二次或三次样条曲线拟合多段线转换为等价的样条曲线，然后
（根据 DELOBJ 系统变量的设置）删除该多段线。

◆ 闭合：将最后一点定义为与第一点一致，并使它在连接处相切，这样可以闭合样条曲
线。选择该项，系统继续提示：

指定切向：（指定点或按【Enter】键）

用户可以指定一点来定义切向矢量，或者使用"切点"和"垂足"对象捕捉模式使样条曲
线与现有对象相切或垂直。

◆ 公差：修改当前样条曲线的拟合公差。根据新公差以现有点重新定义样条曲线。公差
表示样条曲线拟合所指定的拟合点集时的拟合精度。公差越小，样条曲线与拟合点越
接近。公差为 0，样条曲线将通过该点。输入大于 0 的公差将使样条曲线在指定的公
差范围内通过拟合点。在绘制样条曲线时，可以改变样条曲线拟合公差以查看效果。

◆ 起点切向：定义样条曲线的第一点和最后一点的切向。

如果在样条曲线的两端都指定切向，可以输入一个点或者使用"切点"和"垂足"对象捕
捉模式使样条曲线与已有的对象相切或垂直。

如果按【Enter】键，AutoCAD 将计算默认切向。

🔊 专业知识详解

[1] 如何快速看懂国外机械图纸

自改革开放以来，我国引进了不少国外设备、图纸和其他技术资料，有不少发达国家机械图样的投影方法与我国所采用的投影方法不同。为了更好地学习发达国家的先进技术，快速看懂国外机械图纸是很有必要的。

ISO国际标准规定，第一角投影和第三角投影同等有效。各国根据国情均有所侧重，其中，俄罗斯、乌克兰、德国、罗马尼亚、捷克以及斯洛伐克等欧洲国家均主要用第一角投影，而美国、日本、法国、英国、加拿大、瑞士、澳大利亚、荷兰和墨西哥等国均主要用第三角投影。我国也曾采用第三角投影，新中国成立后，开始改用第一角投影。在引进的国外机械图样和科技书刊中经常会遇到第三角投影，ISO国际标准规定了第一角和第三角的投影标记，如图5-38和图5-39所示。在标题栏中，画有标记符号，根据这些符号可识别图样画法；但有的图纸无投影标记，没有标记的情况下我们可以通过视图关系分析。

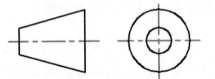 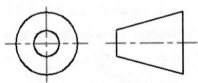

图5-38　第一角投影画法标记符号　　　　　图5-39　第三角投影画法标记符号

[2] 第三角投影

我们在学校里学的主要是第一角投影，这里对第三角投影进行简单介绍。

第三角投影是假想将物体放在透明的玻璃盒中，以玻璃盒的每个侧面作为投影面，按照人—面—物的位置作正投影而得到图形的方法，如图5-40所示。

ISO国际标准规定，第三角投影中六个基本视图的位置如图5-41所示。各视图是将物体投影到一个封闭的矩形（透明的）【投影箱】的各个投影面上得到的。

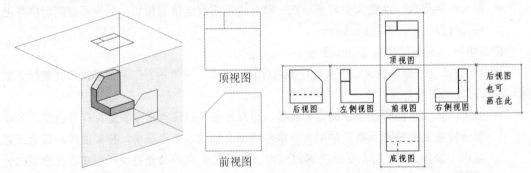

图5-40　第三角投影　　　　　图5-41　第三角投影中六个基本视图的位置

每个视图都可以理解为：当观察者的视线垂直于相应的投影面时，观察者所看到的物体的实际图像。前视图即观察者假想自己处于物体的前面，并逐点移动眼睛的位置，且视线始终垂直于一个假想的正立投影面（透明的）而得到的物体的正面投影。其他视图可按类似方法获得。

读者应当始终把视图看做是物体本身的一面。从前视图可看出物体的高度与宽度，以及物体顶面、底面、左侧面和右侧面的位置；顶视图显示物体的深度和宽度。

〖3〗第三角投影的优点

（1）视图配置较好，便于识图

第三角投影视图之间直接反映了视向，便于看图，便于作图，左视图在左边，右视图在右边。而第一角投影有时要采用向视图来弥补表达不清楚的部位。

（2）易于想象物体的空间形状

第三角投影左视图和右视图向里，顶视图向下，这样易于想象物体的形状。

〖4〗几个国家机械图样标准简介

（1）美国标准（ANSI）

美国标准只规定用第三角画法，偶尔在建筑图及结构图上也用第一角投影，但必须指明。

美国图样中的尺寸很少以mm为单位，一般采用in（英寸，1in=25.4mm），原来采用分数形式表示多少英寸。如9/16in等，1966年以后改为十进制，写成小数形式。数值小于1时小数点前不写0，只写个小数点。数字推荐水平书写。美国标准中的尺寸标注法如下。

◆ 视图明确反映为圆形时，不注直径代号DIA（DIAMETER）或D，比如沿轴的轴向看过去；只有一个非圆视图时，尺寸数字后加注直径代号DIA或D，比如沿轴的径向看过去。

◆ 半径尺寸数字后不加注半径代号R（RADIUS），若半径尺寸标注在不反映半径和圆弧实形的视图时，要求半径尺寸数字后加注代号TRUER（TRUE RADIUS）（真实的R）。

◆ 球形代号在尺寸数字后加注代号SPHER DIA（球直径）或SPHERR（SPHER RADIUS）（球半径）。

（2）日本标准（JIS）

日本标准的图样表示方法与美国接近，一般使用第三角投影画法，原则上同一张图纸不得混用第一角、第三角画法；必要时两种画法可局部混合使用，但必须用箭头表示出另一种画法的投影方向。日本标准中尺寸标注法如下。

◆ 图中有直径、半径时，在尺寸数字前加注φ、R；有时可省略。

◆ 对45°倒角，一般与我国相同，可用字母C表示，C2相当于2×45°，C3相当于3×45°。

◆ 板厚未画出时，可加注字母t，如t10，相当于我国的δ=10。

（3）英国标准（BS）

英国标准的视图表达方法与ISO国际标准基本相同，尺寸标注方法与我国国标（GB）基本相同，单位也是mm；在尺寸引出线与轮廓间留有间隙（1mm左右）；剖视图中，有的画出剖面线，有的不画剖面线。

（4）法国标准（NF）

法国标准的视图表达方法与ISO国际标准基本相同，尺寸标注与我国尺寸标注基本相同。

（5）德国（主要指原联邦德国）标准

德国标准的视图表示方法与ISO国际标准基本相同。投影为圆的视图中，尺寸线只有一个箭头，尺寸后加注Φ；有两个箭头的不注Φ。其他尺寸标注法都能很容易看懂。

（6）俄罗斯等独联体国家标准（ГОСТ）及其他

俄罗斯等独联体国家标准的视图表达、尺寸标注与我国基本相同。

其他如加拿大标准（CSA）、波兰标准（PN）等标准，与ISO国标标准也大同小异，此处不再赘述。

任务 2 绘制曲轴架

任务参考效果图

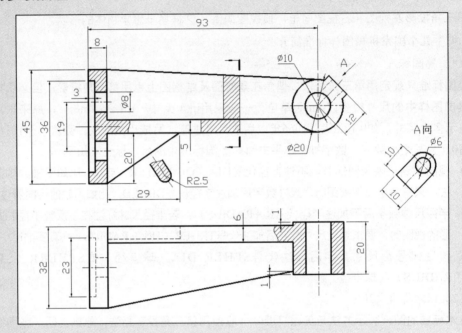

任务背景

本实例所用产品为起重机械上所用曲轴架，本曲轴架起到很大的作用，用于支撑和定位其他的部件。曲轴架是叉架类零件的一种，它的一端与平面配合，另一端与曲轴配合。在本起重机械中，它的形状和结构是比较复杂的主要零件，要求满足刚度和定位精度的要求。

任务要求

本实例为曲轴架，为叉架类零件，这类零件的基本形状一般都带有筋板和孔。本零件中直径为8mm和10mm的孔均为镗出。镗孔前，首先，将镗模安装在镗床台面上，找正、紧固；其次，按定位基准装夹叉架；然后，用装在主轴上的百分表找正主轴与镗套的中心。另外，加工时还需注意接触面的粗糙度要求。

任务分析

曲轴架的绘制主要是利用绘制【直线】和【圆】命令，以及利用【偏移】和【修剪】等命令来实现。本实例的制作思路：首先绘制中心线和辅助线，作为定位线，并且作为绘制其他视图的辅助线，然后再绘制主视图和俯视图，最后绘制A向视图。

模块 06

设计制作轴类零件

——尺寸标注命令

能力目标

1. 能利用尺寸标注样式命令创建不同标注样式
2. 能利用尺寸标注命令标注各种尺寸

专业知识目标

1. 了解轴类零件的设计方法
2. 了解轴类零件的画法

软件知识目标

1. 掌握尺寸标注样式的应用
2. 掌握各种尺寸标注命令

课时安排

4课时（讲课2课时，练习2课时）

模拟制作任务

任务 1 绘制传动轴

任务参考效果图

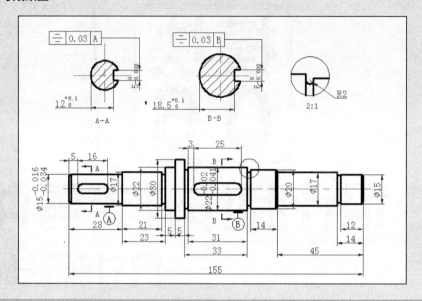

任务背景

传动轴属于轴类零件，轴类零件一般为机构中比较重要的零件，尺寸和精度要求都比较高。一般轴类零件不仅需要起到支撑做回转运动的零件，并保证其具有确定的工作位置；而且传递运动和动力。轴设计的一般步骤为选择材料、初估直径、结构设计、校核计算及完善设计。

任务要求

轴设计是机械设计里的重点项目之一。本实例为绘制传动轴，在工作时产生的应力为循环变应力，其主要的失效形式为因疲劳强度不足而产生的疲劳断裂。所以在选择轴材料时，我们首先应满足强度要求，并具有较小的应力集中敏感性；同时，还应满足一定的韧性、耐磨性、加工工艺性以及经济性等要求。本实例采用碳素钢Q235，它还具有热处理和机械加工性能好、成本低等优点。本轴在车床上加工轮廓，然后用端铣刀加工生成圆头平键槽。

任务分析

本实例为传动轴的绘制，在本实例中主要是利用【偏移】，以及利用【倒角】、【圆角】等命令来实现。本实例的制作思路：首先绘制中心线和轴上半部分的轮廓线，然后对所绘图形进行镜像生成整个轮廓，再绘制键槽部分，完成主视图后绘制剖面图，最后进行标注。

制作流程及难点

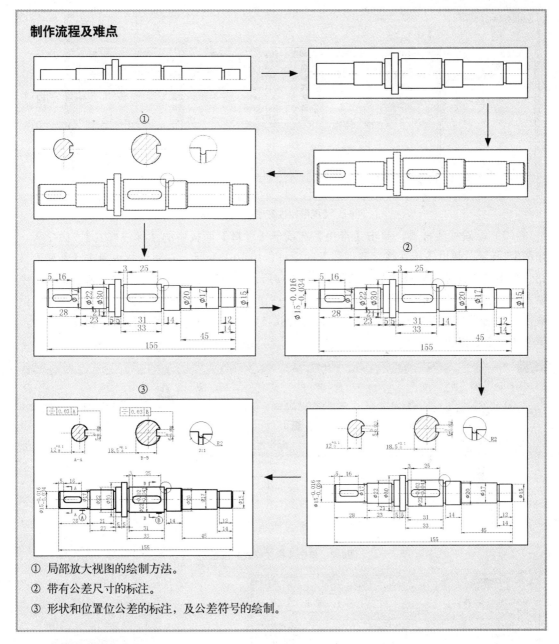

① 局部放大视图的绘制方法。

② 带有公差尺寸的标注。

③ 形状和位置位公差的标注，及公差符号的绘制。

➡ **操作步骤详解**

1. 绘图准备

（1）新建文件。单击菜单栏中的【文件】＞【新建】命令，或单击快速访问工具栏中的
【新建】命令，弹出【选择样板】对话框，在对话框中选择 " A4-横.dwt" 样板，单击【打
开】按钮，建新图形。

（2）设置图层。单击【常用】选项卡【图层】面板中的【图层特性】命令，弹出【图
层特性管理器】对话框，单击【新建图层】按钮，创建"中心线层"、"轮廓线层"、
"剖面线层"、"细实线层"和"尺寸线层"，如图6-1所示。

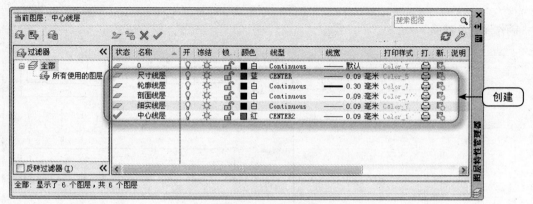

图6-1 【图层特性管理器】对话框

（3）设置标注样式。单击【常用】选项卡【注释】面板中的【标注样式】[①]命令，
如图6-2所示，弹出【标注样式管理器】对话框，如图6-3所示。在对话框中单击【新建】按
钮，弹出【创建新标注样式】对话框，如图6-4所示。在对话框中的【新样式名】文本框中
输入样式名称为"机械制图"，单击【继续】按钮，弹出【新建标注样式：机械制图】对话
框，在对话框中对各个选项卡进行设置，如图6-5所示，其他保持默认设置，设置完成后，
单击【确定】按钮。

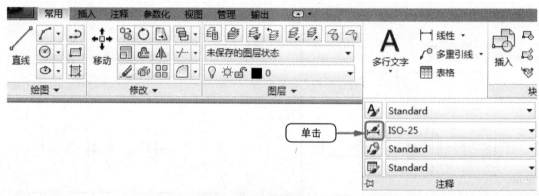

图6-2 单击【标注样式】按钮

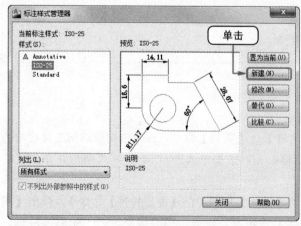

图6-3 【标注样式管理器】对话框

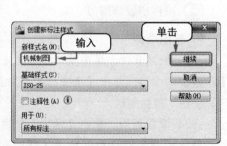

图6-4 【创建新标注样式】对话框

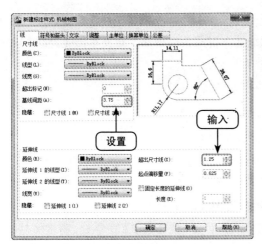

（a）【线】选项卡

（b）【符号和箭头】选项卡

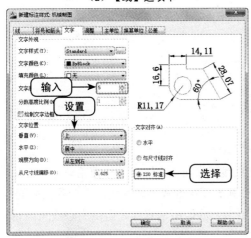

（c）【文字】选项卡

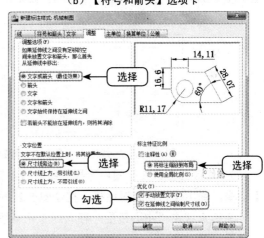

（d）【调整】选项卡

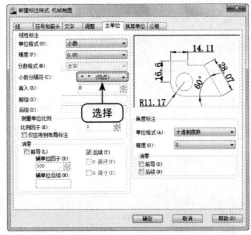

（e）【主单位】选项卡

图6-5 【新建标注样式：机械制图】对话框

2．绘制主视图

（1）绘制定位直线。将"中心线层"设置为当前层，在状态栏中单击【正交】按钮▇或按【F8】键打开正交模式，单击【常用】选项卡【绘图】面板中的【直线】命令，沿水平方向绘制一条长为162mm的中心线，将"轮廓线层"设置为当前层，重复单击【直线】命令，沿竖直方向绘制一条直线，结果如图6-6所示。

图6-6　绘制定位直线

（2）偏移水平直线。单击【常用】选项卡【修改】面板中的【偏移】命令，将水平中心线向上偏移，偏移距离分别为7mm、7.5mm、8.5mm、10mm、11mm、15mm，结果如图6-7所示。

图6-7　偏移水平直线

（3）修改线型。在视图中选择偏移后的所有直线，右击，在弹出的快捷菜单中单击【特性】命令，弹出【特性】对话框，在【图层】下拉列表框中选择"轮廓线层"选项，如图6-8所示；所选直线由"中心线层"移入到"轮廓线层"，同时所选直线线型由中心线变为粗实线，结果如图6-9所示。

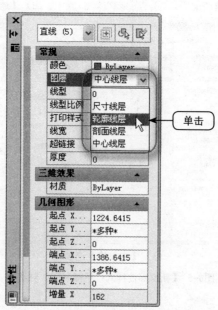

图6-8　选择图层

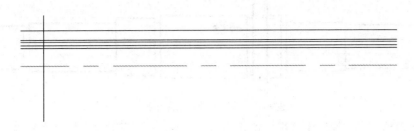

图6-9　改变直线线型

（4）偏移竖直直线。单击【常用】选项卡【修改】面板中的【偏移】命令，将竖直直线向右偏移，偏移距离分别为28mm、49 mm、51 mm、56 mm、61 mm、63 mm、94 mm、96 mm、110 mm、141 mm、143 mm、155 mm，结果如图6-10所示。

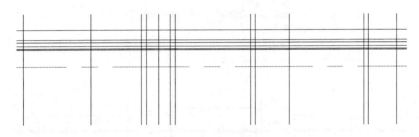

图6-10　偏移竖直直线

（5）修剪多余直线。单击【常用】选项卡【修改】面板中的【修剪】命令，修剪掉多余的直线。

（6）显示线宽。单击状态栏中的【显示/隐藏线宽】按钮，显示所绘图形的线宽，结果如图6-11所示。

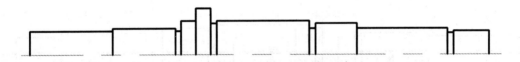

图6-11　修剪结果

（7）镜像图形。单击【常用】选项卡【修改】面板中的【镜像】命令，将上步创建的线段沿水平中心线进行镜像，结果如图6-12所示。

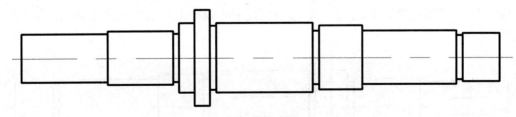

图6-12　镜像结果

（8）偏移直线。单击【常用】选项卡【修改】面板中的【偏移】命令，将水平中心线分别向上下偏移，偏移距离分别为2.5mm和3mm，如图6-13所示。

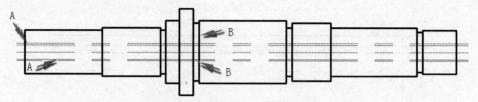

图6-13   偏移水平中心线结果

（9）更改线型。在视图中选择偏移后的水平线段，在图层控制下拉列表框中选择"轮廓线层"选项，如图6-14所示，所选直线由"中心线层"移入到"轮廓线层"，同时所选直线线型由中心线变为粗实线，如图6-15所示。

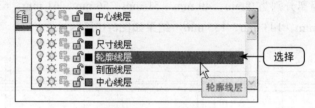

图6-14   选择图层

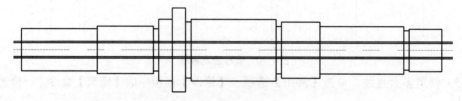

图6-15   改变直线线型

（10）偏移处理。单击【常用】选项卡【修改】面板中的【偏移】命令 ，将直线A向右偏移7mm和18mm；重复【偏移】命令，将直线B向右偏移6mm和25mm，结果如图6-16所示。

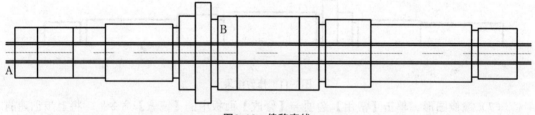

图6-16   偏移直线

（11）修剪直线。单击【常用】选项卡【修改】面板中的【修剪】命令 ，单击【常用】选项卡【修改】面板中的【删除】命令 ，对图6-16中偏移的直线进行修剪和删除，效果如图6-17所示。

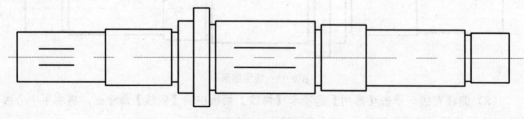

图6-17   修剪结果

（12）圆角处理。单击【常用】选项卡【修改】面板中的【圆角】命令，拾取图6-17中的直线，对其进行圆角处理，结果如图6-18所示。

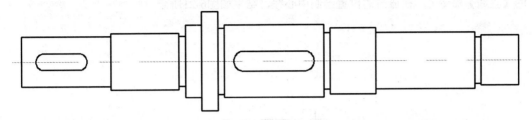

图6-18　圆角处理结果

（13）倒角处理。单击【常用】选项卡【修改】面板中的【倒角】命令，在视图中进行倒角处理。命令行提示和操作如下。

命令：chamfer

（【修剪】模式）当前倒角距离 1 = 0.0000，距离 2 = 0.0000

选择第一条直线或 [放弃(U)/多段线(P)/距离(D)/角度(A)/修剪(T)/方式(E)/多个(M)]：　d

指定第一个倒角距离 <0.0000>: 1

指定第二个倒角距离 <1.0000>:

选择第一条直线或 [放弃(U)/多段线(P)/距离(D)/角度(A)/修剪(T)/方式(E)/多个(M)]：　m

选择第一条直线或 [放弃(U)/多段线(P)/距离(D)/角度(A)/修剪(T)/方式(E)/多个(M)]：（在视图中选择要倒角的边线）

选择第二条直线，或按住 Shift 键选择要应用角点的直线：

选择第一条直线或 [放弃(U)/多段线(P)/距离(D)/角度(A)/修剪(T)/方式(E)/多个(M)]：

选择第二条直线，或按住 Shift 键选择要应用角点的直线：

结果如图6-19所示。

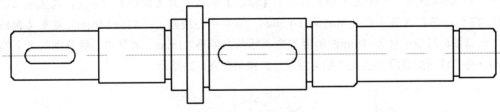

图6-19　倒角处理结果

（14）连接直线。单击【常用】选项卡【绘图】面板中的【直线】命令，连接倒角线，结果如图6-20所示。至此主视图绘制完毕。

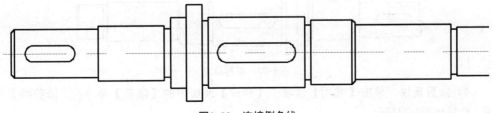

图6-20　连接倒角线

3．绘制阶梯轴键槽处的剖面图

（1）绘制中心线。将"中心线层"设置为当前层，单击【常用】选项卡【绘图】面板中的【直线】命令，在适当的位置绘制中心线，结果如图6-21所示。

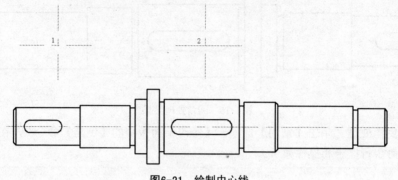

图6-21　绘制中心线

（2）绘制圆。将"轮廓线层"设置为当前层，单击【常用】选项卡【绘图】面板中的【圆】命令，分别以图6-21中1点和2点为圆心绘制半径为7.5mm和11mm的圆，结果如图6-22所示。

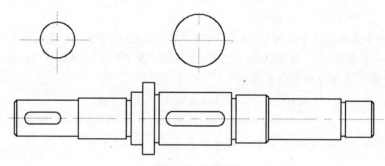

图6-22　绘制圆

（3）偏移直线。单击【常用】选项卡【修改】面板中的【偏移】命令，将图6-22中的半径为7.5mm圆的竖直中心线向右偏移4.5mm，水平中心线向上下偏移2.5mm；重复【偏移】命令，将图6-22中半径为11mm圆的竖直中心线向右偏移7.5mm，水平中心线分别向上下偏移3mm，将偏移后的线段切换到"粗实线层"，结果如图6-23所示。

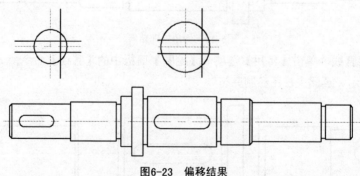

图6-23　偏移结果

（4）修剪直线。单击【常用】选项卡【修改】面板中的【修剪】命令，修剪掉多余的直线，结果如图6-24所示。

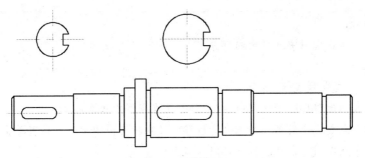

图6-24　修剪结果

（5）填充图案。将当前图层设置为"剖面线层"，单击【常用】选项卡【绘图】面板中的【图案填充】命令，弹出【图案填充创建】选项卡，选择填充图案为"ANSI31"，将"角度"设置为0、"比例"设置为1，其他为默认值。单击【拾取点】按钮，回到绘图窗口中进行选择，选择剖面图相关区域，按【Enter】键再次回到【填充图案创建】选项卡，如图6-25所示，单击【确定】按钮，完成剖面线的绘制，效果如图6-26所示。

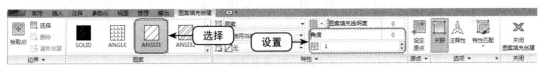

图6-25　【图案填充创建】选项卡

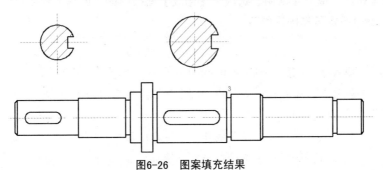

图6-26　图案填充结果

4. 绘制局部视图

（1）绘制圆。将"细实线层"设置为当前层，单击【常用】选项卡【绘图】面板中的【圆】命令，在图6-26中点3处绘制一个半径为5mm的圆，如图6-27所示。

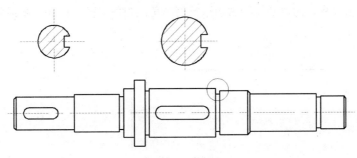

图6-27　绘制圆

（2）复制图形。单击【常用】选项卡【修改】面板中的【复制】命令，将上步绘制圆所包含的部分复制到视图中适当位置。命令行提示和操作如下。

命令: copy
选择对象: （在视图中选择圆内部分）
选择对象:
当前设置: 复制模式 = 多个
指定基点或 [位移(D)/模式(O)] <位移>: （在视图中拾取圆心）
指定第二个点或 <使用第一个点作为位移>: （鼠标在视图中适当位置单击）
指定第二个点或 [退出(E)/放弃(U)] <退出>:

结果如图6-28所示。

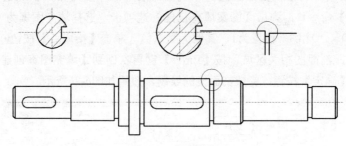

图6-28　复制结果

（3）圆角处理。单击【常用】选项卡【修改】面板中的【圆角】命令 ，对局部视图进行圆角处理。命令行提示和操作如下。

命令: fillet
当前设置: 模式 = 修剪, 半径 = 0.0000
选择第一个对象或 [放弃(U)/多段线(P)/半径(R)/修剪(T)/多个(M)]: r
指定圆角半径 <0.0000>: 1
选择第一个对象或 [放弃(U)/多段线(P)/半径(R)/修剪(T)/多个(M)]: t
输入修剪模式选项 [修剪(T)/不修剪(N)] <修剪>: n
选择第一个对象或 [放弃(U)/多段线(P)/半径(R)/修剪(T)/多个(M)]: （选择局部视图中坐标竖直线）
选择第二个对象，或按住 Shift 键选择要应用角点的对象: （选择局部视图中的短水平线）

重复【圆角】命令，对局部视图右边进行倒圆角，圆角半径为1mm，结果如图6-29所示。

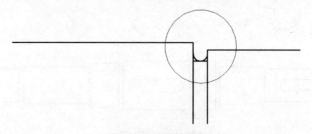

图6-29　绘制倒圆角

（4）修剪图形。单击【常用】选项卡【修改】面板中的【修剪】命令 ，修剪掉局部视图中多余的线段，结果如图6-30所示。

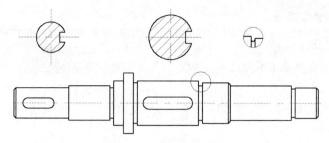

图6-30　修剪局部视图

（5）放大视图。单击【常用】选项卡【修改】面板中的【缩放】[2]命令 🔲，如图6-31所示，将局部视图放大2倍。

图6-31　单击【缩放】命令

命令行提示和操作如下。

```
命令: scale
选择对象:（选择局部视图）
选择对象:
指定基点:（拾取圆心）
指定比例因子或 [复制(C)/参照(R)] <1.0000>: 2
```

结果如图6-32所示。

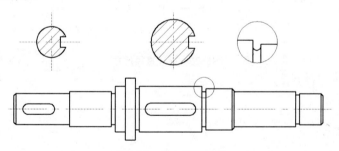

图6-32　放大局部视图

5. 标注尺寸

（1）线性标注。单击【常用】选项卡【注释】面板中的【线性】[3]命令 🔲，如图6-33所示，对传动轴中的线性尺寸进行标注。

图6-33　单击【线性】命令

命令行提示和操作如下。

命令: dimlinear
指定第一条延伸线原点或 <选择对象>:
指定第二条延伸线原点:
指定尺寸线位置或[多行文字(M)/文字(T)/角度(A)/水平(H)/垂直(V)/旋转(R)]:
标注文字 = 28

同理标注其他尺寸,效果如图6-34所示。

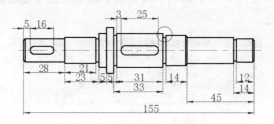

图6-34　添加线性标注

(2) 标注文字。单击【常用】选项卡【注释】面板中的【线性】命令□,标注直径为17mm的圆,如图6-35所示。双击标注的文字,弹出【特性】对话框,在【文字】选项卡【文字替代】文本框中输入"%%c17",完成操作后,在图中显示的标注文字就变成了"Φ17",如图6-36所示。

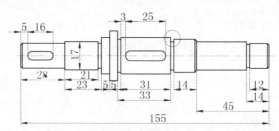

图6-35　标注直径尺寸

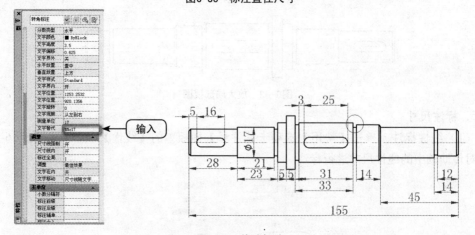

图6-36　修改标注

同理标注其他直径尺寸,结果如图6-37所示。

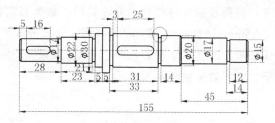

图6-37　标注直径尺寸

（3）单击【常用】选项卡【注释】面板中的【标注样式】命令，弹出【标注样式管理器】对话框，单击【新建】按钮，弹出【创建新标注样式】对话框，如图6-38所示，输入新样式名"机械制图 偏差"和基础样式"机械制图"。

（4）在【创建新标注样式】对话框中，单击【继续】按钮，弹出【新建标注样式：机械制图偏差】对话框，选择【公差】选项卡，在【公差格式】选项组中的【方式】下拉列表框中，选择"极限偏差"选项，【精度】下拉列表框中选择"0.000"选项，【垂直位置】下拉列表框中选择"中"选项，如图6-39所示。

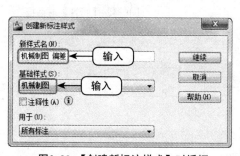

图6-38　【创建新标注样式】对话框

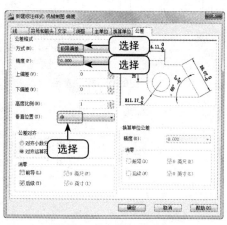

图6-39　【公差】选项卡

（5）选择【新建标注样式：机械制图偏差】对话框中的【主单位】选项卡，在【线性标注】选项组下的【前缀】文本框中输入"%%C"，如图6-40所示。单击【确定】按钮完成标注样式的新建。

图6-40　【主单位】选项卡

（6）标注偏差文字。将新建的标注样式"标注偏差"置为当前标注，标注带有偏差的直径尺寸，如标注直径为15mm的轴段，效果如图6-41所示。双击该尺寸，弹出【特性】对话框，如图6-42所示，在【公差】选项中修改上下偏差，最终效果如图6-43所示。用相同的方法标注其他带有偏差的直径尺寸，效果如图6-44所示。

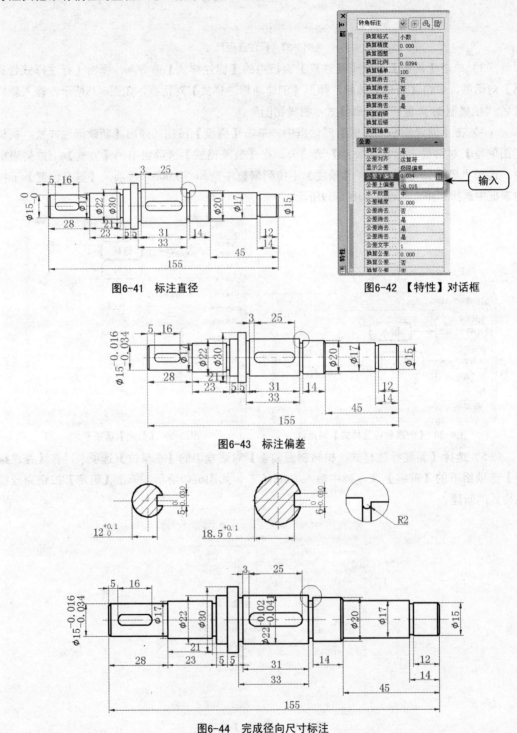

图6-41　标注直径　　　　　　　　　　　　图6-42　【特性】对话框

图6-43　标注偏差

图6-44　完成径向尺寸标注

6.标注形位公差

（1）标注基准符号。

1）绘制直线。将"粗实线层"设置为当前层，单击【常用】选项卡【绘图】面板中的【直线】命令 ，绘制一条长度为5mm的水平直线。将"细实线层"设置为当前层，重复【直线】命令，以水平直线的中点为起点，绘制一条长度为3mm的竖直线。

2）绘制圆。单击【常用】选项卡【绘图】面板中的【圆】命令 ，绘制半径为2.5mm的圆。

3）绘制基准符号。单击【常用】选项卡【注释】面板中的【多行文字】命令 ，弹出【文字编辑器】选项卡，在文本框中输入"A"，如图6-45所示。单击【关闭】按钮，绘制出基准符号，如图6-46所示。

图6-45 【文字编辑器】选项卡

图6-46 绘制基准符号

4）修改基准符号。单击【常用】选项卡【修改】面板中的【复制】④命令 ，如图6-47所示，将绘制好的基准符号移动到适当位置，并双击"A"，弹出【文本编辑器】文本框，将"A"改为"B"，结果如图6-48所示。

图6-47 单击【复制】命令

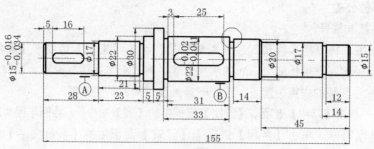

图6-48　修改基准符号

（2）标注形位公差

1）输入命令。将"尺寸线层"设置为当前层，在命令行中输入【qleader】®命令，命令行提示和操作如下。

> 命令：qleader
>
> 指定第一个引线点或 [设置(S)] <设置>：（按【Enter】键，弹出【引线设置】对话框，设置如图6-49所示）
>
> 指定第一个引线点或 [设置(S)] <设置>：（拾取轴键槽宽度尺寸）
>
> 指定下一点：（在视图中适当位置单击鼠标左键，弹出【形位公差】对话框）

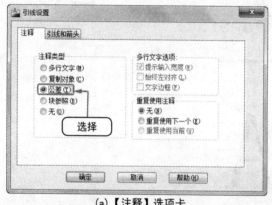

（a）【注释】选项卡

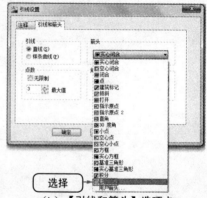

（b）【引线和箭头】选项卡

图6-49　【引线设置】对话框

2)标注公差。在【形位公差】对话框中单击"■"符号，弹出【特征符号】对话框，如图6-50所示。在该对话框中选择"平行度"选项；输入公差值为"0.03"、基准为"A"，设置如图6-51所示。单击【确定】按钮，结果如图6-52所示。同理，标注直径22mm键槽的形位公差，结果如图6-53所示。

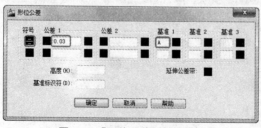

图6-50　【形位公差】对话框

图6-51　【特征符号】对话框

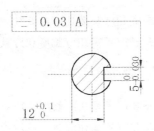

图6-52 标注形位公差

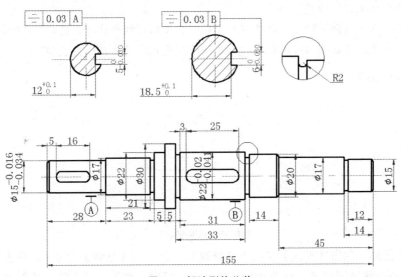

图6-53 标注形位公差

（3）标注剖切线

1）绘制剖切线。单击【常用】选项卡【绘图】面板中的【多段线】®命令 ，如图6-54所示，绘制剖切线。

图6-54 单击【多段线】命令

命令行提示和操作如下。

```
命令: pline
指定起点:
当前线宽为 1.0000
指定下一个点或 [圆弧(A)/半宽(H)/长度(L)/放弃(U)/宽度(W)]: w
指定起点宽度 <1.0000>: 0.3
指定端点宽度 <0.3000>:
```

指定下一个点或 [圆弧(A)/半宽(H)/长度(L)/放弃(U)/宽度(W)]：@0,3

指定下一点或 [圆弧(A)/闭合(C)/半宽(H)/长度(L)/放弃(U)/宽度(W)]：w

指定起点宽度 <0.3000>：0.09

指定端点宽度 <0.0900>：

指定下一点或 [圆弧(A)/闭合(C)/半宽(H)/长度(L)/放弃(U)/宽度(W)]：@-3,0

指定下一点或 [圆弧(A)/闭合(C)/半宽(H)/长度(L)/放弃(U)/宽度(W)]：w

指定起点宽度 <0.0900>：1

指定端点宽度 <1.0000>：0

指定下一点或 [圆弧(A)/闭合(C)/半宽(H)/长度(L)/放弃(U)/宽度(W)]：@-2.5,0

指定下一点或 [圆弧(A)/闭合(C)/半宽(H)/长度(L)/放弃(U)/宽度(W)]：

结果如图6-55所示。

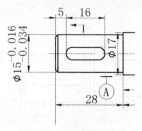

图6-55 绘制剖切线

2）镜像图形。单击【常用】选项卡【修改】面板中的【镜像】命令▲，将上步绘制的剖切线沿水平中心线进行镜像，结果如图6-56所示。同理，重复上述步骤，绘制另外一个剖切线，结果如图6-57所示。

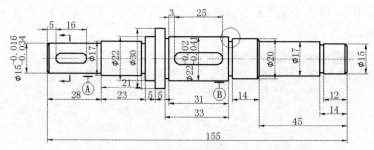

图6-56 镜像处理

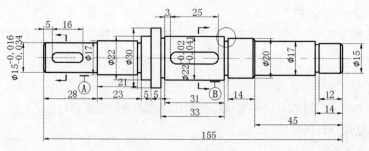

图6-57 绘制剖切线

（4）标注文字。单击【常用】选项卡【注释】面板中的【单行文字】命令A̲I̲，输入文字，结果如图6-58所示。

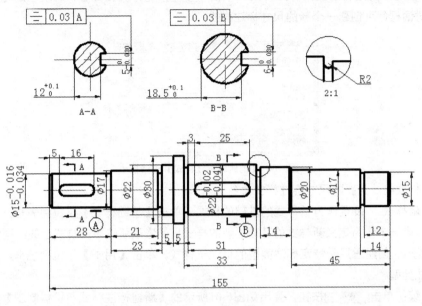

图6-58 标注文字

知识点拓展

[1] 标注样式 (dimstyle，快捷命令d)

执行此命令，弹出如图6-59所示的【标注样式管理器】对话框。

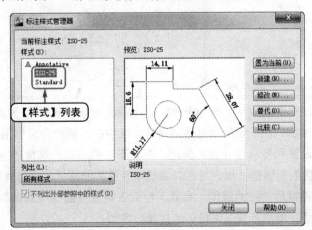

图6-59 【标注样式管理器】对话框

选项说明如下。

(1)【样式】列表：显示所创建的所有标注样式。

（2）置为当前：把在【样式】列表框中选择的样式设置为当前标注样式，当前样式将应用于所创建的标注。

（3）新建：创建新的尺寸标注样式。单击 新建(N)... 按钮，弹出如图6-60所示的【创建新标注样式】对话框，可创建一个新的尺寸标注样式。

图6-60 【创建新标注样式】对话框

1）新样式名：为新的尺寸标注样式命名。

2）基础样式：设置作为新样式的基础的样式。单击【基础样式】下拉列表框，从当前已有样式中选择一个作为定义新样式的基础，新的样式只是修改所选基础样式上的不同特性。

3）用于：创建适用于特定标注类型的标注子样式。单击【用于】下拉列表框，从中选择相应的尺寸类型。

4）继续：单击 继续 按钮，弹出如图6-61所示的【新建标注样式：机械制图】对话框，对新标注样式的各项特性进行设置。

①【线】选项卡，如图6-62所示。

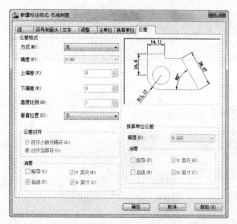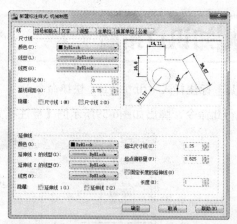

图6-61 【新建标注样式：机械制图】对话框　图6-62 【新建标注样式：机械制图】对话框中的【线】选项卡

a.【尺寸线】选项组：用于设置尺寸线的特性，其中各选项的含义如下。

◆ 颜色：用于设置和显示尺寸线的颜色。在其下拉列表框中选择"选择颜色"选项，弹出【选择颜色】对话框，用户可在对话框中选择其他颜色，也可直接输入颜色名称。

◆ 线型：用于设置尺寸线的线型。在其下拉列表框直接选择"其他"选项，弹出【选择线型】对话框，用户可在对话框中选择其他线型。

◆ 线宽：用于设置和显示尺寸线的线宽。在其下拉列表框中列出选择各种线宽的名称和宽度。

◆ 超出标记：当箭头设置为倾斜、建筑标记、积分和无标记时，可以使用此文本框调节尺寸线超过延伸线的距离。

◆ 基线间距：设置以基线方式标注尺寸时，相邻两尺寸线之间的距离。
◆ 隐藏：隐藏尺寸线和箭头。勾选【尺寸线1】复选框，表示隐藏第一段尺寸线；勾选
【尺寸线2】复选框，表示隐藏第二段尺寸线。示意图如图6-63所示。

图6-63 隐藏尺寸线和箭头

b.【延伸线】选项组：用于确定尺寸延伸线的形式，其中各选项的含义如下。
◆ 颜色：用于设置和显示尺寸延伸线的颜色，也可以通过【选择颜色】对话框来设置延
伸线的颜色。
◆ 延伸线1的线型：用于设置第一条延伸线的线型。
◆ 延伸线2的线型：用于设置第二条延伸线的线型。
◆ 线宽：用于设置尺寸延伸线的线宽。
◆ 超出尺寸线：用于设置尺寸延伸线超出尺寸线的距离。
◆ 起点偏移量：用于确定尺寸延伸线的实际起始点到尺寸延伸线的偏移距离。
◆ 隐藏：隐藏尺寸延伸线。勾选【延伸线1】复选框，表示隐藏第一段尺寸延伸线；勾选
【延伸线2】复选框，表示隐藏第二段尺寸延伸线。示意图如图6-64所示。

图6-64 隐藏延伸线

◆ 固定长度的延伸线：勾选该复选框，系统以固定长度的尺寸延伸线标注尺寸，可以在
其下面的【长度】文本框中输入长度值。
② 【符号和箭头】选项卡，如图6-65所示。

图6-65 【符号和箭头】选项卡

a.【箭头】选项组：用于设置尺寸箭头的外观。

◆ 第一个：用于设置第一个尺寸的箭头外观。单击此下拉列表框，可在其中选择需要的箭头类型；也可以单击"用户箭头"选项，弹出如图6-66所示【选择自定义箭头块】对话框，在其中选择用户自定义的箭头图块。当改变第一个箭头的类型时，第二个箭头将自动改变以同第一个箭头相匹配。

◆ 第二个：用于设置第二个尺寸箭头的形式，可与第一个箭头形式不同。

◆ 引线：设置引线箭头的形式。

◆ 箭头大小：用于显示和设置尺寸箭头的大小。

b.【圆心标记】选项组：用于设置半径标注、直径标注和中心标注中的中心标记和中心线形式，其中各项含义如下。

◆ 无： 选择◎无⑩单选按钮，既不创建中心标记，也不创建中心线。

◆ 标记：选择◎标记⑩单选按钮，创建圆心标记。

◆ 直线：选择◎直线⑥单选按钮，创建中心线形式的标记。

c.【折断标注】选项组：用于控制折断标注的间距宽度。可以通过【折断大小】文本框来改变折断标注的间距大小。

d.【弧长符号】选项组：用于控制弧长标注中圆弧符号的显示。

◆ 标注文字的前缀：选择◎标注文字的前缀⑫单选按钮，将弧长符号放在标注文字的前方。

◆ 标注文字的上方：选择◎标注文字的上方⑭单选按钮，将弧长符号放在标注文字的上方。

◆ 无：选择◎无⑩单选按钮，不显示弧长符号。

e.【半径折弯标注】：用于控制折弯（Z字形）半径标注的显示。折弯半径标注通常在圆或圆弧的圆心位于页面外部时创建。在【折弯角度】文本框中可以输入连接半径标注的尺寸延伸线和尺寸线的横向直线角度。

f.【线性折弯标注】选项组：用于控制线性标注折弯的显示。当标注不能精确表示实际尺寸时，常将折弯线添加到线性标注中。通常，实际尺寸比所需值小。在【折弯高度因子】文本框中输入形成折弯的角度的两个顶点之间的距离，即文字高度。

③【文字】选项卡，如图6-67所示。

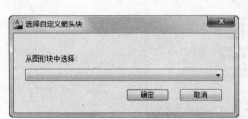

图6-66 【选择自定义箭头块】对话框

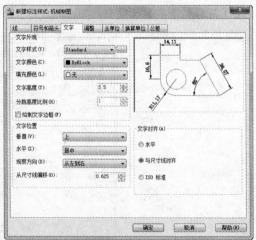

图6-67 【文字】选项卡

a.【文字外观】选项组：设置标注文字的格式和大小。

◆ 文字样式：用于选择当前尺寸文字采用的文字样式。可以从其下拉列表框中选择设置好的文字样式，也可单击右侧 按钮，从弹出的【文字样式】对话框中创建或修改文字样式。

◆ 文字颜色：用于设置尺寸文字的颜色，其操作方法与设置尺寸线颜色的方法相同。

◆ 填充颜色：用于设置标注文字背景的颜色。其操作方法与设置尺寸线颜色的方法相同。

◆ 文字高度：用于设置当前标注尺寸文字样式的高度。如果选用的文本样式中已设置了具体的字高（不是0），则此处的设置无效；如果文本样式中设置的字高为0，才以此处设置为准。

◆ 分数高度比例：用于设置尺寸文字的比例系数。

◆ 绘制文字边框：勾选此复选框，将在标注文字周围绘制一个边框。

b.【文字位置】选项组：设置标注文字的位置。

◆ 垂直：用于设置标注文字相对于尺寸线的垂直位置，包括以下五种方式。

　★ 居中：将标注文字放在尺寸线的中间。

　★ 上：将标注文字放在尺寸线的上方。

　★ 外部：将标注文字放在尺寸线上远离第一个定义点的一边。

　★ 下：将标注文字放在尺寸线的下方。

　★ JIS：按照日本工业标准（JIS）放置标注文字。

示意图如图6-68所示。

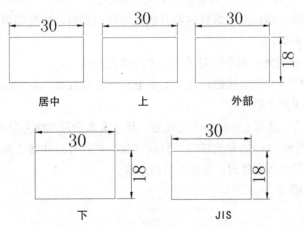

图6-68　垂直方式

◆ 水平：用于设置标注文字在尺寸线上相对于尺寸延伸线的水平位置，包括以下五种方式。

　★ 居中：将标注文字放在两条尺寸延伸线的中间。

　★ 第一条延伸线：沿尺寸线与第一条延伸线左对齐，延伸线与标注文字的距离是箭头大小加上文字间距之和的两倍。

　★ 第二条延伸线：沿尺寸线与第二条延伸线右对齐。

　★ 第一条延伸线上方：沿第一条延伸线放置标注文字或将标注文字放在第一条延伸线之上。

　★ 第二条延伸线上方：沿第二条延伸线放置标注文字或将标注文字放在第二条延伸线之上。

示意图如图6-69所示。

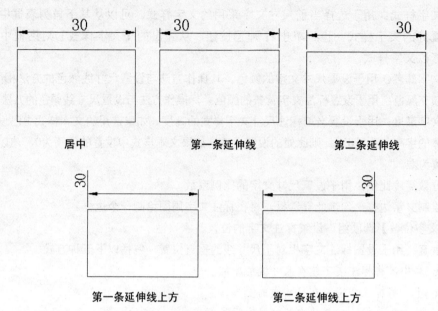

图6-69　水平方式

◆ 观察方向：用于设置标注文字的观察方向，包括以下两种选项。

　★ 从左到右：按从左到右阅读的方式放置文字。

　★ 从右到左：按从右到左阅读的方式放置文字。

◆ 从尺寸线偏移：当尺寸文本放在断开的尺寸线中间时，此选项用来设置尺寸文本与尺寸线之间的距离。

c.【文字对齐】选项组：用于控制尺寸文本的排列方向。

◆ 水平：选择⊙水平单选按钮，尺寸文本沿水平方向放置。不论标注什么方向的尺寸，尺寸文本总保持水平。

◆ 与尺寸线对齐：选择⊙与尺寸线对齐单选按钮，尺寸文本沿尺寸线方向放置。

◆ ISO标准：选择⊙ISO 标准单选按钮，当尺寸文本在尺寸延伸线之间时，沿尺寸线方向放置；在尺寸延伸线之外时，沿水平方向放置。

示意图如图6-70所示。

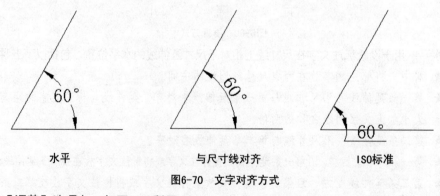

图6-70　文字对齐方式

④【调整】选项卡，如图6-71所示。

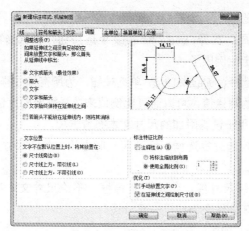

图6-71 【调整】选项卡

a.【调整】选项组：设置基于延伸线之间可用空间的文字和箭头的位置。

◆ 文字或箭头（最佳效果）：选择⊙文字或箭头（最佳效果）单选按钮，按照最佳效果将文字或箭头移动到延伸线外。

◆ 箭头：选择⊙箭头单选按钮，将箭头移动到延伸线外，然后移动文字。

◆ 文字：选择⊙文字单选按钮，将文字移动到延伸线外，然后移动箭头。

◆ 文字和箭头：选择⊙文字和箭头单选按钮，当延伸线间距离不足以放下文字和箭头时，文字和箭头都移到延伸线外。

◆ 文字始终保持在延伸线之间：选择⊙文字始终保持在延伸线之间单选按钮，总是把将文字放在延伸线之间。

◆ 若箭头不能放在延伸线内，则将其消除：勾选此复选框，延伸线之间的空间不够时省略尺寸箭头。

b.【文字位置】选项组：用于设置标注文字的位置。

◆ 尺寸线旁边：选择⊙尺寸线旁边单选按钮，移动标注文字尺寸线就会随之移动。

◆ 尺寸线上方，带引线：选择⊙尺寸线上方，带引线单选按钮，移动文字时尺寸线将不会移动。如果将文字从尺寸线上移开，将创建一条连接文字和尺寸线的引线。当文字非常靠近尺寸线时，将省略引线。

◆ 尺寸线上方，不带引线：选择⊙尺寸线上方，不带引线单选按钮，把尺寸文本放在尺寸线的上方，中间无引线。

示意图如图6-72所示。

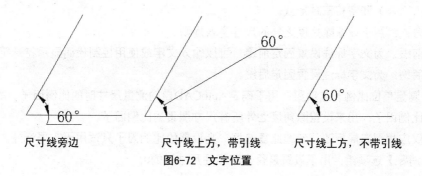

尺寸线旁边　　　　　　尺寸线上方，带引线　　尺寸线上方，不带引线

图6-72　文字位置

c.【标注特征比例】选项组：全局标注比例值或图纸空间比例。

◆ 将标注缩放到布局：选择⊙将标注缩放到布局单选按钮，根据当前模型空间视口和图纸空间之间的比例确定比例因子。

◆ 使用全局比例：选择⊙使用全局比例(S)单选按钮，为所有标注样式设置一个比例。缩放比例并不更改标注的测量值，可以通过比例值来选择需要的比例。

d.【优化】选项组：用于设置附加的尺寸文本布置选项。

◆ 手动放置文字：勾选此复选框，标注尺寸时由用户确定尺寸文本的放置位置，忽略所有水平对齐设置。

◆ 在延伸线之间绘制尺寸线：勾选此复选框，不论尺寸文本在尺寸延伸线里面还是外面，均在两尺寸延伸线之间绘出一尺寸线。

⑤【主单位】选项卡，如图6-73所示。

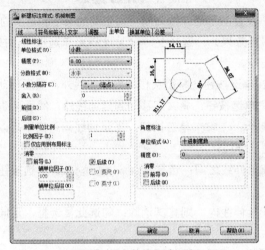

图6-73 【主单位】选项卡

a.【线性标注】选项组：用来设置线性标注的格式和精度。

◆ "单位格式"：设置除角度之外的所有标注类型的当前单位格式，可从其下拉列表框中选择需要的单位格式。

◆ 精度：用于显示和设置标注文字的精度，也就是精确到小数点后几位。

◆ 分数格式：用于设置分数的形式。其下拉列表框中包括水平、对角和非堆叠三种形式供用户选用。

◆ 小数分隔符：用于设置十进制单位的分隔符。其下拉列表框中包括句点（.）、逗点（，）和空格三种形式。

◆ 舍入：用于设置除角度之外的尺寸舍入规则。

◆ 前缀：为文字标注设置固定前缀。可以输入文字或使用控制代码显示特殊符号。

◆ 后缀：为文字标注设置固定后缀。

b.【测量单位比例】选项组：用于确定AutoCAD自动测量尺寸时的比例因子。

◆ 比例因子：用来设置除角度之外所有尺寸测量的比例因子。

◆ 仅应用到布局标注：勾选此复选框，则设置的比例因子只适用于布局标注。

c.【消零】选项组：用于设置是否省略标注尺寸时的0。

◆ 前导：勾选此复选框，省略尺寸值处于高位的0。

◆ 后续：勾选此复选框，省略尺寸值小数点后末尾的0。

◆ 0英尺：勾选此复选框，采用"工程"和"建筑"单位制时，如果尺寸值小于1英尺时，省略英尺。

◆ 0英寸：勾选此复选框，采用"工程"和"建筑"单位制时，如果尺寸值是整数英寸时，省略英寸。

d.【角度标注】选项组：用于显示和设置标注角度的当前角度格式。

◆ 单位格式：用于设置角度单位制，包括十进制度数、度/分/秒、百分度和弧度四种角度单位。

◆ 精度：用于设置角度标注的精度。

e.【消零】选项组：用于设置是否禁止输出前导零和后续零。

⑥【换算单位】选项卡，如图6-74所示。

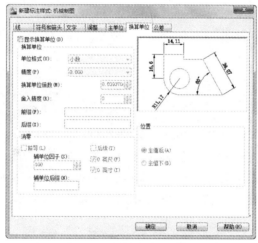

图6-74 "换算单位"选项卡

a. 显示换算单位：勾选此复选框，标注文字添加换算测量单位。

b.【换算单位】选项组：用于显示和设置除角度之外的所有标注类型的当前换算单位格式。

◆ 单位格式：用于设置替换单位采用的单位格式。

◆ 精度：用于设置替换单位的小数位数。

◆ 换算单位倍数：用于指定主单位和替换单位的转换因子。

◆ 舍入精度： 设置除角度之外的所有标注类型的换算单位的舍入规则。

◆ 前缀：用于设置替换单位文本的固定前缀。

◆ 后缀：用于设置替换单位文本的固定后缀。

c.【消零】选项组：控制是否禁止输出前导零、后续零以及零尺寸部分。

◆ 前导：勾选此复选框，不输出所有十进制标注中的前导0。

◆ 辅单位因子：将辅单位的数量设置为一个单位。它用于在距离小于一个单位时以辅单位为单位计算标注距离。

◆ 辅单位后缀：用于设置标注值辅单位中包含的后缀。可以输入文字或使用控制代码显示特殊符号。

◆ 后续：勾选此复选框，不输出所有十进制标注的后续零。

◆ 0英尺：勾选此复选框，如果长度小于1英尺，则消除"英尺-英寸"标注中的英尺部分。

◆ 0英寸：勾选此复选框，如果长度为整英尺数，则消除"英尺-英寸"标注中的英寸部分。

d.【位置】选项组：用于设置替换单位尺寸标注的位置。

◆ 主值后：选择 ⊙主值后(A) 单选按钮，把替换单位尺寸标注放在主单位标注的后面。

◆ 主值下：选择 ⊙主值下(B) 单选按钮，把替换单位尺寸标注放在主单位标注的下面。

⑦【公差】选项卡，如图6-75所示。

图6-75 【公差】选项卡

a.【公差格式】选项组：用于设置公差的标注方式。

◆ 方式：用于设置公差标注的方式。其下拉列表框中包括五种标注公差的方式，分别是无、对称、极限偏差、极限尺寸和基本尺寸，如图6-76所示。

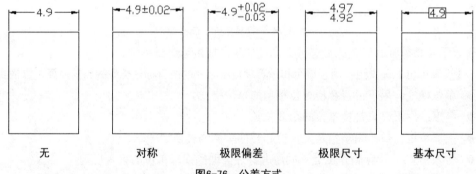

图6-76 公差方式

◆ 精度：用于确定公差标注的小数位数。

◆ 上偏差：用于设置最大公差或上偏差。

◆ 下偏差：用于设置最小公差或下偏差。

◆ 高度比例：用于设置公差文本的高度比例，即公差文本的高度与一般尺寸文本的高度之比。

◆ 垂直位置：控制对称公差和极限公差的文字对齐方式，包括以下三种方式。

　★ 上：公差文字与主标注文字的顶部对齐。

　★ 中：公差文字与主标注文字的中间对齐。

★ 下：公差文字与主标注文字的底部对齐。

示意图如图6-77所示。

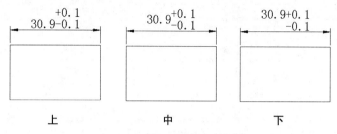

图6-77　垂直位置

b.【公差对齐】选项组：用于在堆叠时，控制上偏差值和下偏差值对齐。

◆ 对齐小数分隔符：选择◎对齐小数分隔符(A)单选按钮，通过值的小数分割符堆叠值。

◆ 对齐运算符：选择◎对齐运算符(G)单选按钮，通过值的运算符堆叠值。

c.【消零】选项组：同"换算单位"选项卡中的消零，此处不再详细介绍。

d.【换算单位公差】选项组：用于对形位公差标注的替换单位进行设置。

（4）修改：修改选择的尺寸标注样式。单击 修改(M)... 按钮，弹出如图6-78所示的【修改标注样式】对话框，该对话框中的各选项与【新建标注样式】对话框中完全相同，可以对已有标注样式进行修改。

（5）替代： 设置标注样式的临时替代值。单击 替代(O)... 按钮，弹出如图6-79所示的【替代当前样式】对话框，用户可改变选项的设置，以替代原来的设置，但这种修改只对指定的尺寸标注起作用，而不影响当前其他尺寸变量的设置。

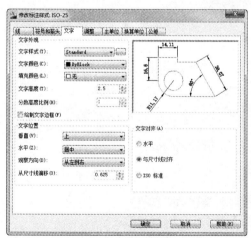

图6-78　【修改标注样式】对话框　　　　图6-79　【替代当前样式】对话框

（6）比较：比较两个标注样式或列出一个标注样式的所有参数的区别。单击 比较(C)... 按钮，弹出如图6-80所示的【比较标注样式】对话框。

①比较： 指定要进行比较的第一个标注样式。

②与： 指定要进行比较的第二个标注样式。如果将第二个样式设置为 "无" 或设置为与第一个样式相同，将显示标注样式的所有特性。

③打印到剪贴板：将比较结果复制到剪贴板，并应用到其他Windows应用软件上。

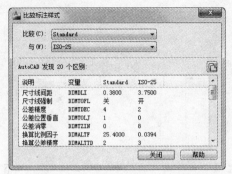

图6-80 【比较标注样式】对话框

【2】**缩放** (scale，快捷命令sc)

执行此命令，命令行提示如下。

> 选择对象：
>
> 指定基点：
>
> 指定比例因子或 [复制(C)/参照(R)] <1.0000>:

选项说明如下。

◆ 指定基点：表示选定对象的大小发生改变（从而远离静止基点）时位置保持不变的点。

◆ 比例因子：按指定的比例放大选定对象的尺寸。大于1的比例因子使对象放大；介于0和1之间的比例因子使对象缩小。还可以拖动光标使对象变大或变小。

◆ 复制：复制缩放对象，即缩放对象时，保留原对象。

◆ 参照：按参照长度和指定的新长度缩放所选对象。

【3】**线性** (dimlinear，快捷命令dli)

执行此命令，命令行提示如下。

> 指定第一条延伸线原点或 <选择对象>:
>
> 指定第二条延伸线原点：
>
> 指定尺寸线位置或
>
> [多行文字(M)/文字(T)/角度(A)/水平(H)/垂直(V)/旋转(R)]:

选项说明如下。

◆ 尺寸线位置：指定点定位尺寸线并且确定绘制延伸线的方向。

◆ 多行文字：选择此项，弹出【文本编辑器】对话框，编辑和标注文字。

◆ 文字： 在命令行提示下输入或编辑尺寸文本。

◆ 角度：设置标注文字的倾斜角度。

◆ 水平：水平标注尺寸。

◆ 垂直：垂直标注尺寸。

◆ 旋转：输入尺寸线旋转的角度值，旋转标注尺寸。

【4】**复制** (copy，快捷命令co)

执行此命令，命令行提示如下。

```
选择对象:
当前设置:  复制模式 = 多个
指定基点或 [位移(D)/模式(O)] <位移>:
指定第二个点或 <使用第一个点作为位移>:
```

选项说明如下:

◆ 基点:指定一个坐标点后,AutoCAD系统把该点作为复制对象的基点。

◆ 位移:使用坐标指定相对距离和方向。直接输入位移值,表示以选择对象时的拾取点为基准,以拾取点坐标为移动方向,按纵横比移动指定位移后确定的点为基点。

◆ 模式:控制是否自动重复该命令,该设置由COPYMODE系统变量控制。

◆ 指定第二点:在指定第二个点后,系统将根据这两点确定的位移矢量把选择的对象复制到第二点处。

◆ 使用第一点作为位移:第一个点被当做相对于X、Y、Z的位移。

〖 5 〗引线标注(qleader,快捷命令le)

执行此命令,命令行提示如下。

```
指定第一个引线点或 [设置(S)] <设置>:(按【Enter】键,弹出如图6-81所示的【引线设置】对话框)
```

下面对【引线设置】对话框的选项说明如下。

(1)【注释】选项卡

①【注释类型】选项组:设置引线注释类型。

a. 多行文字:创建多行文字注释。

b. 复制对象:复制多行文字、单行文字、公差或块参照对象,并将副本连接到引线末端。如果复制的对象移动,引线末端也将随之移动。

c. 公差:选择⊙公差(T)单选按钮,单击【确定】按钮,指定引线位置后弹出【形位公差】对话框,创建将要附着到引线上的形位公差参数。

d. 块参照:块参照将插入到自引线末端的某一偏移位置,并与该引线相关联。

e. 无:创建无注释的引线。

②【多行文字选项】选项组:只有选择⊙多行文字(M)单选按钮,此选项组才能用。

a. 提示输入宽度:指定多行文字注释的宽度。

b. 始终左对齐:无论引线位置在何处,多行文字注释应靠左对齐。

c. 文字边框:在文字周围加上边框。

③【重复使用注释】选项组:设置重新使用引线注释的选项。

a. 无:不重复使用引线注释。

b. 重复使用下一个:重复使用为后续引线创建的下一个注释。

c. 重复使用当前:重复使用当前注释。选择【重复使用下一个】单选按钮之后,再次使用【引线标注】命令时将自动选择此选项。

(2)【引线和箭头】选项卡

（a）【注释】选项卡

（b）【引线和箭头】选项卡

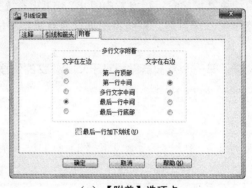
（c）【附着】选项卡

图6-81 【引线设置】对话框

①【引线】选项组：设置引线格式。

a、直线：在指定点之间创建直线段作为引线。

b、样条曲线：用指定的引线点作为控制点创建样条曲线对象作为引线。

②点数：设置引线的点数。可以在文本框中输入点数。

无限制：勾选此复选框，则会一直提示输入点直到连续按【Enter】键两次为止。

③箭头：设置和显示引线的箭头。

④角度约束：设置第一段与第二段引线的角度约束。

a、第一段：在下拉列表框中选择和设置第一段引线的角度。

b、第二段：在下拉列表框中选择和设置第二段引线的角度。

（3）【附着】选项卡，只有在【注释】选项卡上选择【多行文字】单选按钮时，此选项卡才可用。

①第一行顶部：将引线放在多行文字的第一行顶部。

②第一行中间：将引线放在多行文字的第一行中间。

③多行文字中间：将引线放在多行文字的中间。

④最后一行中间：将引线放在多行文字的最后一行中间。

⑤最后一行底部：将引线放在多行文字的最后一行底部。

⑥最后一行加下划线：给多行文字的最后一行加下划线。

〖6〗多段线（pline，快捷命令pl）

执行此命令，命令行提示如下。

指定起点：（指定多段线的起点）

当前线宽为 0.0000

指定下一个点或 [圆弧(A)/半宽(H)/长度(L)/放弃(U)/宽度(W)]：（指定多段线的下一个点）

选项说明如下。

◆ 下一个点：绘制一条直线段。

◆ 圆弧：将圆弧段添加到多段线中。选择此选项，命令行提示如下。

指定圆弧的端点或[角度(A)/圆心(CE)/闭合(CL)/方向(D)/半宽(H)/直线(L)/半径(R)/第二个点(S)/放弃(U)/宽度(W)]

★ 圆弧端点：绘制圆弧段。圆弧段与多段线的上一段相切。

★ 角度：指定圆弧段从起点开始的包含角。

★ 圆心：指定圆弧段的圆心。

★ 闭合：从指定的最后一点到起点绘制圆弧段，从而创建闭合的多段线。必须至少指定两个点才能使用该选项。

★ 方向：指定圆弧段的起始方向。

★ 半宽：指定从多段线线段的中心到其一边的宽度。

★ 直线：退出"圆弧"选项并返回初始 PLINE 命令提示。

★ 半径：指定圆弧段的半径。

★ 第二个点：指定三点圆弧的第二点和端点。

★ 放弃：删除最近一次添加到多段线上的圆弧段。

★ 宽度：指定下一圆弧段的宽度。

◆ "长度"：在与上一线段相同的角度方向上绘制指定长度的直线段。

◆ "放弃"：删除最近一次添加到多段线上的直线段。

◆ "宽度"：指定下一条直线段的宽度。

专业知识详解

[1] 钢号

关于轴的材料，我们只知道45钢，我国南方一些地方将其叫做黄牌。它属于中碳钢（0.25%＜含碳量＜0.6%），为了叫法上方便就称做45钢，这也是我国的通俗叫法。我们国家标准代号为GB，国际标准为ISO，前苏联为ГОСТ，英国为BS，法国为NF，德国为DIN，日本为JIS，美国为ASTM，等等。45钢是我国依据前苏联标准的叫法，S45C是日本标准的叫法，美国称为1045，英国称为080M46，法国称为XC45，德国称为CK45。对其余钢的钢号对照表，读者可参阅相关资料。

[2] 硬度

45钢的硬度是多少呢？这又涉及硬度的知识。常用金属的硬度如表6-1所示。

表6-1 硬度试验法的种类及其适用零件

试验方法	原 理	适用热处理零件	特 长
布氏硬度（HB）	用球形压头（钢或超硬合金）在试验面上压出凹坑时的试验载荷除以由凹坑直径求得的表面积后所得的商	·退火； ·正火； ·经过固定化等的原材料	①凹坑较大，因此适用于硬度不均的材料、坯料、锻造品； ②不适用于小试料和薄试料
洛氏硬度（HR）	利用金刚石压头或球形压头施加标准负载、试验载荷，从试验机的指示装置中显示的硬度值中求得	·淬火、回火件； ·表面渗碳； ·表面氮化； ·铜、黄铜、青铜等薄板	①短时间内即可求得硬度值； ②适用于对实物进行的中间检查； ③种类较多，需特别注意
肖氏硬度	以一定的高度使锤落到试料的试验面上，从其反弹的高度求得硬度	·淬火、回火件； ·氮化处理； ·经过渗碳处理等的大型零件	①操作极简单，短时间内可获得数据； ②适用于大型零件； ③凹坑浅不醒目，因此适用于产品； ④型小质轻，可携带
维氏硬度（HV）	利用对角136°的金刚石四棱锥压头在试验面上压出凹坑时的试验负载和由凹坑的对角线长中求得的凹坑表面积，算出硬度值（换算为自动进行）	·高频淬火、渗碳、氮化、电镀陶瓷涂层等硬化层较薄的物品； ·渗碳、氮化处理品的硬化层深度	①适用于小试料、薄试料等； ②压头采用金刚石，因此可对任何带有硬度材料进行试验

布氏硬度、洛氏硬度、维氏硬度三种硬度比较常用。目前生产中测定硬度最常用的方法是压入硬度法，它是用一定几何形状的压头在一定载荷下压入被测试的金属材料表面，根据被压入程度来测定其硬度值。其中，洛氏硬度根据压头与载荷的不同又分为HRA、HRB、HRC、HRD四种标度，HRC是最常用的标度。这几个硬度之间是可以通过公式换算的，由于每种硬度适用的范围不同，故换算后也是参考值。比如，45钢根据它的热处理方式和特点选用布氏硬度，硬度值为HB170～220，其HRC值仅为6～18，这时的硬度HRC值就是参考值。

在经过热处理的时候，45钢是相对比较"软"的，属于碳钢。由于碳钢比合金钢价格低廉，且对应力集中的敏感性低，可通过热处理改善其综合性能，加工工艺性能好，故一般用途的轴都采用45钢。

［3］热处理

虽然不一定去从事专门的热处理工作，但对于常用的热处理知识也是必须了解的。金属热处理是将金属工件放在一定的介质中加热到适宜的温度，并在此温度中保持一定时间后，又以不同速度冷却的一种工艺，一般不会改变工件的形状和整体的化学成分，而是通过改变工件内部的显微组织，或改变工件表面的化学成分，赋予或改善工件的使用性能。其特点是改善工件的内在质量，而这一般不是肉眼所能看到的。以45钢为例，只经过退火热处理时，其布氏硬度为HB170～220，即HRC6～8；但经过高频淬火后，其硬度能达到HRC45～50。

热处理工艺一般包括加热、保温、冷却三个过程，有时只有加热和冷却两个过程。这些过程互相衔接，不可间断。

金属热处理工艺大体可分为整体热处理、表面热处理和化学热处理三大类。

（1）整体热处理

整体热处理是对工件整体加热，然后以适当的速度冷却，改变其整体力学性能的金属热处理工艺。钢铁整体热处理大致有退火、正火、淬火和回火四种基本工艺，这也是我们常说的四大火。

退火是将工件加热到适当温度，根据材料和工件尺寸采用不同的保温时间，然后进行缓慢冷却，目的是使金属内部组织达到或接近平衡状态，获得良好的工艺性能和使用性能，或者为进一步淬火做组织准备。

正火是将工件加热到适宜的温度后在空气中冷却，效果同退火相似，只是得到的组织更细；常用于改善材料的切削性能，有时也用于对一些要求不高的零件做最终热处理。

淬火是将工件加热保温后，在水、油或其他无机盐、有机水溶液等淬冷介质中快速冷却。淬火后的钢件变硬，但同时变脆。

回火是将淬火后的钢件在高于室温而低于650℃的某一适当温度进行长时间的保温，再进行冷却，进而降低钢件脆性的工艺。根据工件性能要求的不同，按其回火温度的不同，可将回火分为以下几种。

① 低温回火（150～250℃）

经低温回火所得的组织为回火马氏体。其目的是在保持淬火钢的高硬度和高耐磨性的前提下，降低其淬火内应力和脆性，以免使用时发生崩裂或过早损坏。它主要用于各种高碳的切削刃具、量具、冷冲模具、滚动轴承以及渗碳件等，回火后硬度一般为HRC58～64。

② 中温回火（350～500℃）

经中温回火所得的组织为回火屈氏体。其目的是获得高的屈服强度、弹性极限和较高的韧性。因此，它主要用于各种弹簧和热作模具的处理，回火后硬度一般为HRC35～50。

③ 高温回火（500～650℃）

经高温回火所得的组织为回火索氏体。习惯上将淬火加高温回火相结合的热处理称为调质处理，其目的是获得强度、硬度和塑性、韧性都较好的综合机械性能，广泛用于汽车、拖拉机、机床等的重要结构零件，如连杆、螺栓、齿轮及轴类。回火后硬度一般为HB200～330。

（2）表面热处理

表面热处理是只加热工件表层，以改变其表层力学性能的金属热处理工艺。为了只加热工件表层而不使过多的热量传入工件内部，使用的热源须具有高的能量密度，即在单位面积的工件上给予较大的热能，使工件表层或局部能短时或瞬时达到高温。表面热处理的主要方法有火焰淬火和感应加热热处理，常用的热源有氧乙炔或氧丙烷等火焰及感应电流、激光和电子束等。比如一些导柱的高频淬火，其表面的硬度将大大提高，从而具有了较好的耐磨性。由于只是对表面进行热处理，其内部还是相对比较软的，从而使整体具有了一定的韧性。

（3）化学热处理

化学热处理是改变工件表层化学成分、组织和性能的金属热处理工艺。化学热处理与表面热处理的不同之处是后者改变了工件表层的化学成分。化学热处理是将工件放在含碳、氮或其他合金元素的介质（气体、液体、固体）中加热，保温较长时间，从而使工件表层渗入碳、氮、硼和铬等元素的工艺。渗入元素后，有时还要进行其他热处理工艺，如淬火及回火等。化学热处理的主要方法有渗碳、渗氮、渗金属，其目的就是增加表面的硬度和耐磨，需要在所有的机械加工都完毕之后进行，因为一旦进行了渗氮处理后，其切削性能将大大降低。例如一块经常摩擦的耐磨板需要进行渗氮处理，而这块耐磨板还需要开0.5mm深的网格状油槽，如果在没有加工油槽的情况下，表面渗氮已经做完了，那么这块板就报废了。

关于金属热处理的深入介绍，读者可参阅相关的书籍。

任务 2 绘制阶梯轴

任务参考效果图

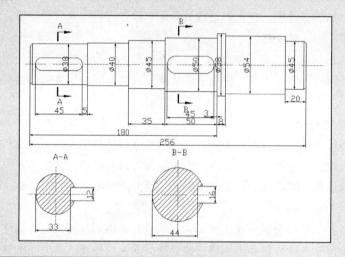

任务背景

本实例为卷扬机的阶梯轴，轴的设计主要包括结构设计和工作能力计算两方面的内容。在国内一般的教材中需要注意的是轴的强度。但在轴计算中还需注意到计算静态载荷下的挠度线、弯矩、扭矩和轴的安全系数。轴的基本形状是同轴回转体，主要在车床上加工。左端由电动机输入功率 $P=29.4kW$，转速 $n=800r/min$。本轴所受的力为圆周力和径向力。轴上两个键槽均为端铣加工。工作部分轴径为 $\phi50$，轴的材料为40Cr，规定安全因数为1.8。

任务要求

本实例为卷扬机中的阶梯轴，材料采用40Cr，零件图由一个主视图和两个断面图组成。由主视图可以看出，该轴由6个直径不同的轴段组成。左端 $\phi38$ 轴段和中部 $\phi50$ 轴段均有一个键槽，在本实例中，以水平位置的轴线作为径向尺寸基准。这样就把设计上的要求和加工时的工艺基准（轴类零件在车床上加工时，两端用顶针顶住轴的中心孔）统一起来了。

任务分析

本实例为轴的绘制，在本例中主要是利用【偏移】，以及利用【倒角】、【圆角】等命令来实现。
本实例的制作思路：首先绘制中心线和轴上半部分的轮廓线，然后对所绘图形进行镜像生成整个轮廓，再绘制键槽部分，完成后主视图后绘制剖面图，最后进行标注。

模块 07

设计制作端盖类零件

——【文字标注】命令

能力目标

1. 能利用【文字样式】命令创建不同文字
样式
2. 能利用【文字标注】命令创建文字

专业知识目标

1. 了解端盖类零件的设计方法
2. 了解端盖类零件的画法

软件知识目标

1. 掌握文字样式的应用
2. 掌握【文字标注】命令

课时安排

4课时（讲课2课时，练习2课时）

模拟制作任务

任务 1 绘制三相异步电动机端盖

任务参考效果图

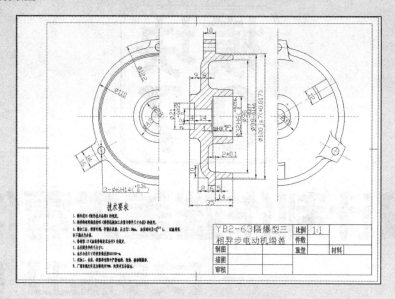

任务背景

端盖属于盘盖类零件，它和其他零件一起装配于腔体结构中，起到密封、支撑和保护零件等作用。工作中，零件内表面有时会受到冲击，因此客户对零件的刚度有一定的要求，零件的里面要与其他零件的表面相配合，要有一定的尺寸精度和形位精度。

任务要求

这类零件的径向和轴向尺寸较大，一般要求加工外圆、端面及内孔，有时还需调头加工。为保证加工要求和数控车削时工件装夹的可靠性，应注意加工顺序和装夹方式。本实例为一个比较典型的盘盖类零件，除端面和内孔的车削加工外，两端内孔还有同轴度要求。为保证车削加工后工件的同轴度，采取先加工左端面和内孔，并在内孔预留精加工余量0.3mm，然后将工件调头安装，在锤完右端内孔后，反向锤左端内孔，以保证两端内孔的同轴度。

任务分析

端盖零件图的绘制是复杂二维图形制作中比较典型的实例，在本例中主要是利用【圆】命令，以及利用【修剪】、【圆角】等命令来实现。本实例的制作思路：首先绘制中心线和辅助线，作为定位线，并且作为绘制其他视图的辅助线，然后再绘制主视图和左视图以及右视图。

制作流程及难点

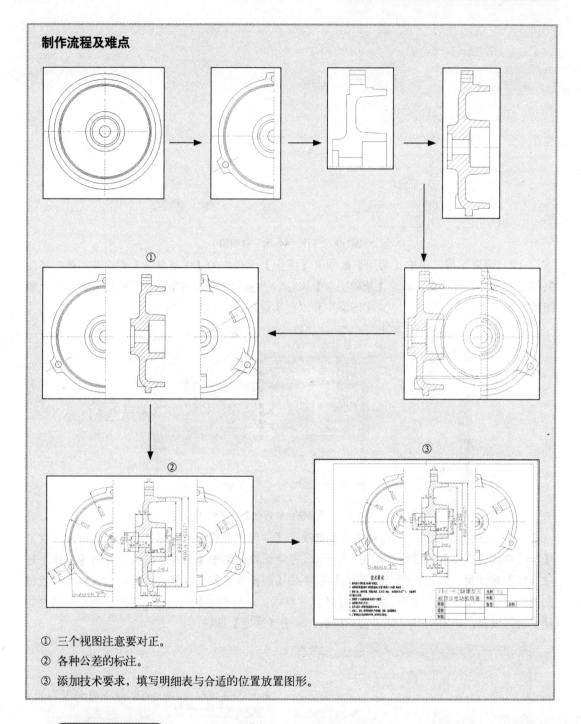

① 三个视图注意要对正。

② 各种公差的标注。

③ 添加技术要求，填写明细表与合适的位置放置图形。

➔ **操作步骤详解**

1．绘图准备

（1）新建文件。单击菜单栏中的【文件】>【新建】命令，或单击快速访问工具栏中的【新建】命令▢，弹出【选择样板】对话框，在对话框中选择"A4-横"样板，单击【打开】按钮，创建新图形，如图7-1所示。

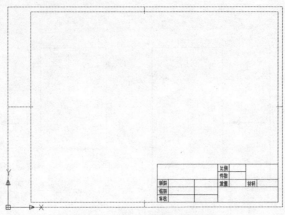

图7-1 打开"A4-横"样板图

（2）设置图层。单击【常用】选项卡【图层】面板中的【图层特性】命令，弹出【图层特性管理器】对话框，单击【新建图层】按钮，创建"中心线层"、"粗实线层"、"剖面线层"、"尺寸线层"、"文字图层"和"细实线层"，如图7-2所示。

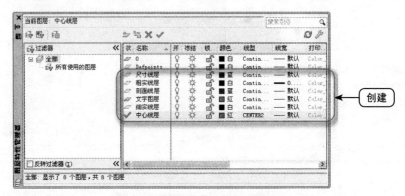

图7-2 【图层特性管理器】对话框

（3）设置标注样式。单击【常用】选项卡【注释】面板中的【标注样式】命令，弹出【标注样式管理器】对话框，如图7-3所示。在对话框中单击【新建】按钮，弹出【创建新标注样式】对话框，如图7-4所示。在对话框中的【新样式名】文本框中输入样式名称为"机械制图"，单击【继续】按钮，弹出【新建标注样式：机械制图】对话框，在对话框中对各个选项卡进行设置，如图7-5所示，设置完成后，单击【确定】按钮。

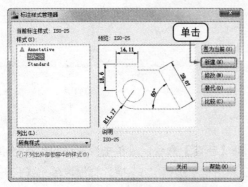

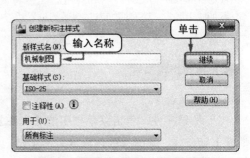

图7-3 【标注样式管理器】对话框　　　　图7-4 【创建新标注样式】对话框

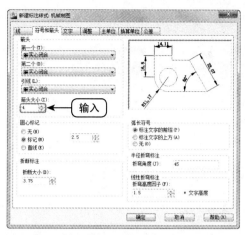

（a）【符号和箭头】选项卡

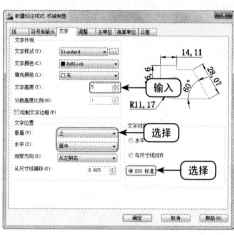

（b）【文字】选项卡

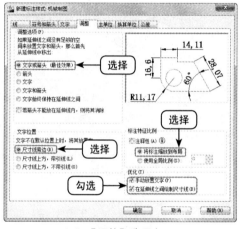

（c）【调整】选项卡

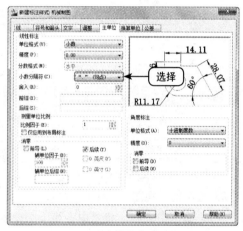

（d）【主单位】选项卡

图7-5 【新建标注样式：机械制图】对话框

（4）设置文字样式。单击【常用】选项卡【注释】面板中的【文字样式】[①]命令，如图7-6所示，弹出如图7-7所示的【文字样式】对话框。在对话框中单击【新建】按钮，弹出如图7-8所示的【新建文字样式】对话框，在对话框中输入样式名为"机械制图"，单击【确定】按钮，返回到【文字样式】对话框，在"机械制图"样式中设置【字体名】为"华文仿宋"、【字体样式】为"常规"、【高度】为"5.0000"、【宽度因子】为"0.7000"，单击【置为当前】按钮，将新创建的"机械制图"样式设置为当前文字样式，如图7-9所示。

图7-6 单击【文字样式】命令

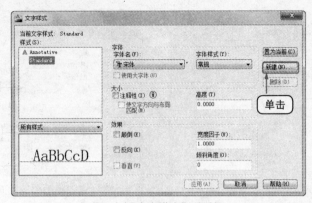

图7-7 【文字样式】对话框

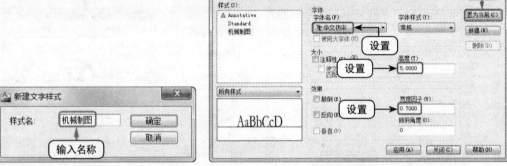

图7-8 【新建文字样式】对话框　　图7-9 设置文字样式

2. 绘制第一视图

（1）绘制中心线。将"中心线层"设置为当前层，在状态栏中单击【正交】按钮 或按【F8】键打开正交模式，单击【常用】选项卡【绘图】面板中的【直线】命令，在视图中适当位置绘制一条水平中心线和竖直中心线，结果如图7-10所示。

（2）绘制圆。单击【常用】选项卡【绘图】面板中的【圆】命令，分别以两中心线的交点为圆心绘制半径分别为61mm、55 mm、50 mm、49 mm、48 mm、21 mm、16 mm、14 mm和6 mm的圆，结果如图7-11所示。

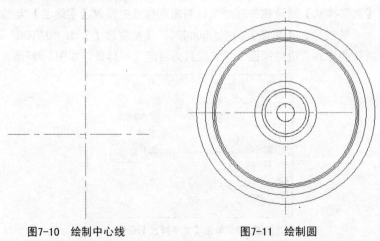

图7-10 绘制中心线　　　　　图7-11 绘制圆

（3）偏移直线。单击【常用】选项卡【修改】面板中的【偏移】命令，将竖直中心线向左偏移，偏移距离为7mm和8mm。

（4）修剪图形。单击【常用】选项卡【修改】面板中的【修剪】命令，将上步绘制的圆以竖直中心线为边界进行修剪，结果如图7-12所示。

（5）绘制直线。单击状态栏上的【对象捕捉】按钮或在键盘上按【F3】键打开对象捕捉功能，单击【常用】选项卡【绘图】面板中的【直线】命令，在视图中捕捉图7-12中的1点为起点、2点为终点绘制直线，结果如图7-13所示。

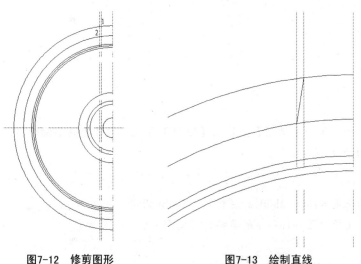

图7-12　修剪图形　　　　　　　图7-13　绘制直线

（6）删除直线。单击【常用】选项卡【修改】面板中的【删除】命令，删除步骤3中偏移的直线，结果如图7-14所示。

（7）绘制圆。单击【常用】选项卡【绘图】面板中的【圆】命令，以图7-14中的点3为圆心绘制半径为3mm的圆，结果如图7-15所示。

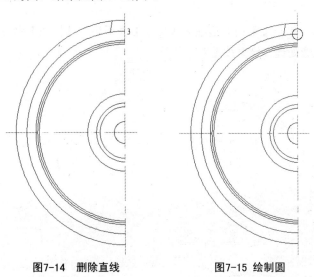

图7-14　删除直线　　　　　　　图7-15　绘制圆

（8）修剪图形。单击【常用】选项卡【修改】面板中的【修剪】命令，修剪掉多余的线段，结果如图7-16所示。

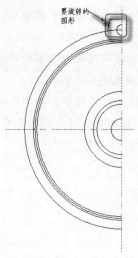

要旋转的
图形

图7-16　修剪图形

（9）旋转图形。单击【常用】选项卡【修改】面板中的【旋转】命令○，将图形进行复
制旋转。命令行提示和操作如下。

命令：rotate
UCS 当前的正角方向：　ANGDIR=逆时针　ANGBASE=0
选择对象：（拾取图7-16所示的要旋转的图形）
选择对象：
指定基点：（选择大圆圆心）
指定旋转角度，或 [复制(C)/参照(R)] <0>：c
旋转一组选定对象。
指定旋转角度，或 [复制(C)/参照(R)] <0>：120

结果如图7-17所示。

（10）镜像图形。单击【常用】选项卡【修改】面板中的【镜像】命令△，将旋转后的图
形沿斜中心线进行镜像处理，结果如图7-18所示。

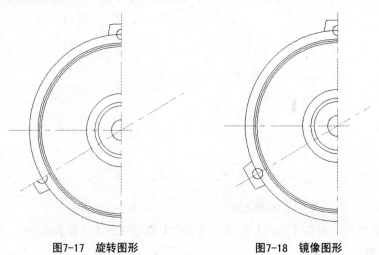

图7-17　旋转图形　　　　　　　　　图7-18　镜像图形

（11）打断线段。单击【常用】选项卡【修改】面板中的【打断于点】[②]命令，如图7-19所示，打断图中的线段。

图7-19　单击【打断于点】命令

命令行提示和操作如下。

> 命令：break
>
> 选择对象：（拾取要打断的圆）
>
> 指定第二个打断点或 [第一点(F)]：_f
>
> 指定第一个打断点：（拾取打断点位置）
>
> 指定第二个打断点：@

结果如图7-20所示。

（12）删除多余线段。单击【常用】选项卡【修改】面板中的【删除】命令，删除多余斜中心线，将上步打断的圆切换到"中心线层"，结果如图7-21所示。

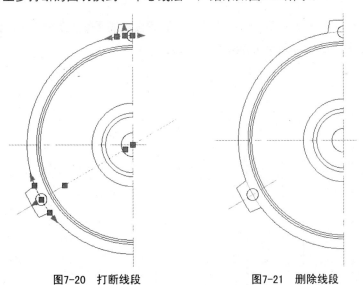

图7-20　打断线段　　　　　　图7-21　删除线段

（13）圆角处理。单击【常用】选项卡【修改】面板中的【圆角】命令，对第一视图进行倒圆角处理，结果如图7-22所示。

3．绘制第二视图

（1）绘制直线。单击状态栏上的【对象捕捉追踪】按钮或在键盘上按【F11】键打开对象捕捉追踪功能，将"中心线层"设置为当前层，单击【常用】选项卡【绘图】面板中的【直线】命令，捕捉第一视图的中心线端点，绘制一条水平中心线，将"粗实线层"设置为当前层，重复【直线】命令，绘制一条竖直线，结果如图7-23所示。

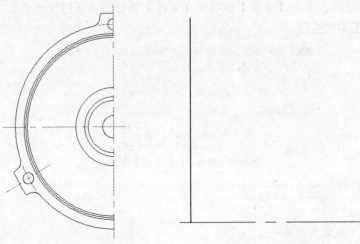

图7-22　完成第一视图的绘制　　　　图7-23　绘制直线

（2）偏移直线。单击【常用】选项卡【修改】面板中的【偏移】命令，分别将上步绘制的竖直线向右偏移，偏移距离为4mm、9mm、11mm、15mm、18mm、21mm、26mm和35mm。重复【偏移】命令，分别将上步绘制的水平中心线向上偏移，偏移距离为6mm、10.5mm、16mm、17.5mm、21mm、45mm、45.5mm、49mm、50mm、52mm、55mm、58mm和61mm；将偏移后的直线除距离为55mm的直线外全部切换到"粗实线层"，结果如图7-24所示。

（3）修剪图形。单击【常用】选项卡【修改】面板中的【修剪】命令，修剪第二视图中多余的线段，得到视图上半部分轮廓，结果如图7-25所示。

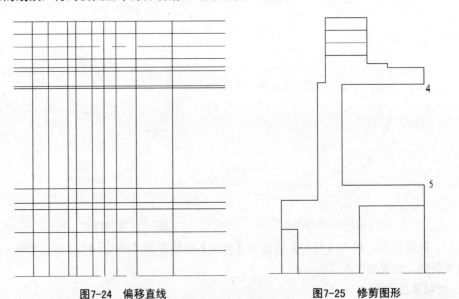

图7-24　偏移直线　　　　　　　图7-25　修剪图形

（4）旋转直线。单击【常用】选项卡【修改】面板中的【旋转】命令，分别以图7-25中的点4和点5为基点，将直线旋转3°和－3°，结果如图7-26所示。

（5）圆角处理。单击【常用】选项卡【修改】面板中的【圆角】命令，将视图中进行倒圆角处理，结果如图7-27所示。

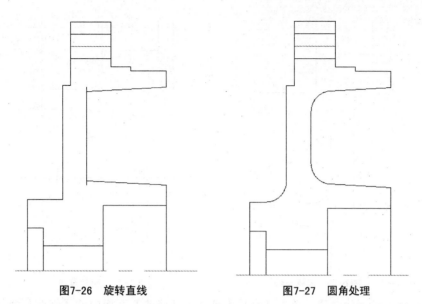

图7-26　旋转直线　　　　　　　　　图7-27　圆角处理

（6）镜像处理。单击【常用】选项卡【修改】面板中的【镜像】命令▲，将第二视图中的上半部分沿水平中心线进行镜像处理，结果如图7-28所示。

（7）绘制圆。单击【常用】选项卡【绘图】面板中的【圆】命令◎，分别以圆角圆心点6和点7（见图7-28）为圆心，绘制半径为11mm的圆，结果如图7-29所示。

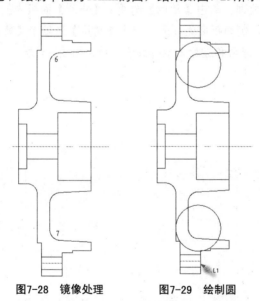

图7-28　镜像处理　　　图7-29　绘制圆

（8）偏移直线。单击【常用】选项卡【修改】面板中的【偏移】命令◢，将图7-29所示的直线L1向左偏移，偏移距离分别为6mm和14mm；重复【偏移】命令，将长水平中心线向下偏移，偏移距离分别为39mm和49mm，结果如图7-30所示。

（9）绘制直线。单击【常用】选项卡【修改】面板中的【延伸】命令⇥，将图7-30所示的L2直线延伸至L3直线，单击【常用】选项卡【绘图】面板中的【直线】命令✎，以延伸后的交点为起点，绘制一条与竖直线呈45°的斜直线，将偏移的中心线线型更改为粗实线，结果如图7-31所示。

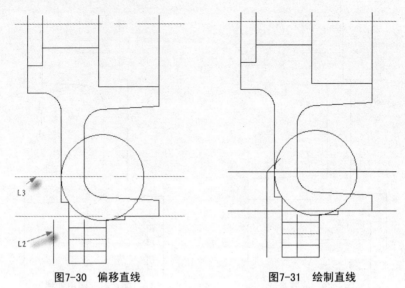

图7-30　偏移直线　　　　　　　　图7-31　绘制直线

　　（10）修剪和删除处理。单击【常用】选项卡【修改】面板中的【修剪】命令 和【删除】命令 ，修剪和删除多余的线段，结果如图7-32所示。

　　（11）偏移直线。单击【常用】选项卡【修改】面板中的【偏移】命令 ，将长中心线向两边偏移，偏移距离为14mm；重复【偏移】命令，将图7-32中的直线L4向左偏移，偏移距离为1mm。

　　（12）修剪和删除处理。单击【常用】选项卡【修改】面板中的【倒角】命令 ，对偏移后的直线进行倒角处理，倒角距离为1mm；单击【常用】选项卡【修改】面板中的【修剪】命令 和【删除】命令 ，修剪和删除多余的线段，结果如图7-33所示。

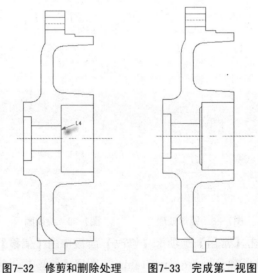

图7-32　修剪和删除处理　　　图7-33　完成第二视图

　　（13）图案填充。将当前图层设置为"剖面线层"，单击【常用】选项卡【绘图】面板中的【图案填充】命令 ，弹出如图7-34所示的【图案填充创建】选项卡。在选项卡中选择填充图案为"ANSI31"，将"角度"设置为0、"比例"设置为1，其他为默认值，如图7-34所示，单击【拾取点】按钮 ，在绘图窗口中进行选择，选择剖面图相关区域，如图7-35所示；单击【关闭图案填充创建】按钮，完成剖面线的绘制，效果如图7-36所示。

图7-34 【图案填充创建】选项卡

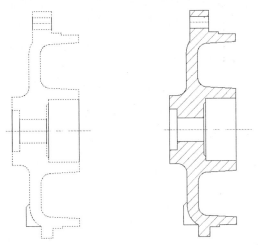

图7-35 选择填充区域   图7-36 图案填充结果

4．绘制第三视图

（1）复制图像。打开正交模式，单击【常用】选项卡【修改】面板中的【复制】命令，将第一视图全部复制到适当位置。

（2）整理图形。单击【常用】选项卡【修改】面板中的【镜像】命令，将复制后的图形以竖直中心线进行镜像，删除源对象和多余的线段，结果如图7-37所示。

（3）绘制直线。单击【常用】选项卡【绘图】面板中的【直线】命令，在正交模式下绘制水平直线，如图7-38所示。

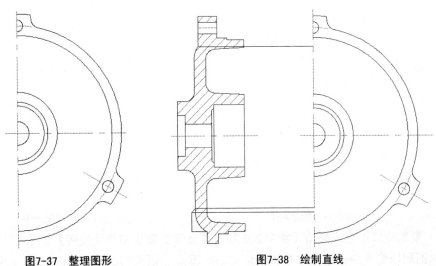

图7-37 整理图形   图7-38 绘制直线

（4）绘制圆。单击【常用】选项卡【绘图】面板中的【圆】命令，分别以水平和竖直中心线交点为圆心，分别绘制以上步绘制的水平直线和竖直中心线的交点位置为半径端点的三个圆，再次利用【圆】命令绘制以17.5mm和10.5mm为半径的两个圆，结果如图7-39所示。

（5）绘制圆角。单击【常用】选项卡【修改】面板中的【圆角】命令◯，在不修剪模式下，创建半径为5mm的圆角；单击【常用】选项卡【修改】面板中的【延伸】命令→，将直线延伸到圆角，结果如图7-40所示。

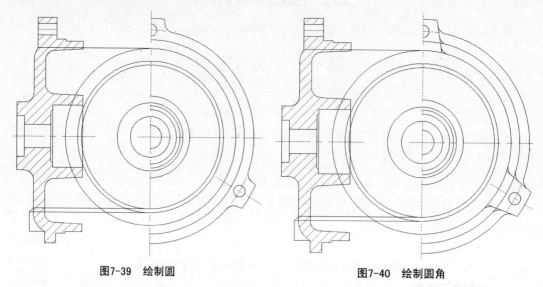

图7-39　绘制圆　　　　　　　　　　　　　　　　图7-40　绘制圆角

（6）偏移直线。单击【常用】选项卡【修改】面板中的【偏移】命令△，将竖直中心线向右偏移，偏移距离为5mm，并将偏移后的直线转换为粗实线，结果如图7-41所示。

（7）修整图形。单击【常用】选项卡【修改】面板中的【修剪】命令→和【删除】命令✎，修剪和删除多余的线段，结果如图7-42所示。

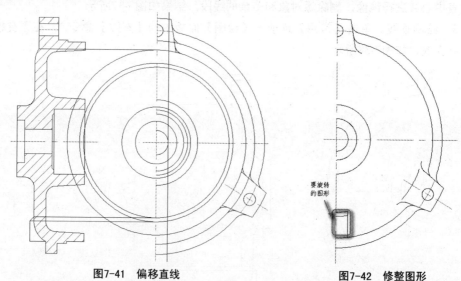

图7-41　偏移直线　　　　　　　　　　　　　图7-42　修整图形

（8）复制旋转图形。单击【常用】选项卡【修改】面板中的【旋转】命令○，将图7-42中的标识图形以竖直中心线和水平中心的交点为基点，以复制的方式旋转120°，结果如图7-43所示。

（9）镜像图形。单击【常用】选项卡【修改】面板中的【镜像】命令▲，将旋转后的图形沿旋转后的中心线进行镜像，结果如图7-44所示。

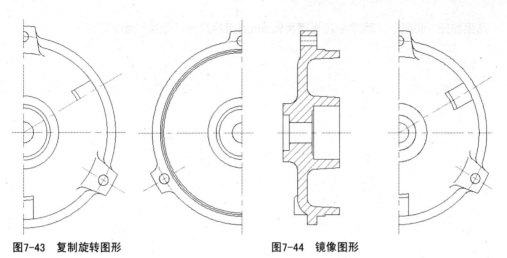

图7-43　复制旋转图形　　　　　　　　图7-44　镜像图形

5．标注尺寸

（1）标注线性尺寸。单击【常用】选项卡【注释】面板中的【线性】命令，对端盖中的线性尺寸进行标注，效果如图7-45所示。

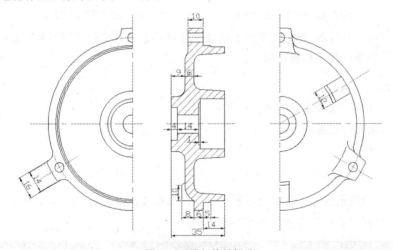

图7-45　添加线性标注

（2）标注径向尺寸1。单击【常用】选项卡【注释】面板中的【线性】命令，标注直径为21mm的圆。命令行提示和操作如下。

```
命令: dimlinear
指定第一条延伸线原点或 <选择对象>:
指定第二条延伸线原点:
指定尺寸线位置或
[多行文字(M)/文字(T)/角度(A)/水平(H)/垂直(V)/旋转(R)]: t
输入标注文字 <21>: %%c<>
指定尺寸线位置或
[多行文字(M)/文字(T)/角度(A)/水平(H)/垂直(V)/旋转(R)]:
标注文字 = 21
```

结果如图7-46所示。同理标注直径为90mm的圆的尺寸，结果如图7-47所示。

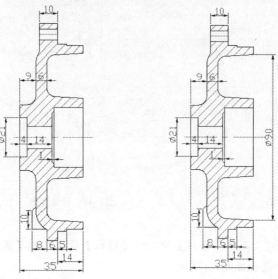

图7-46　标注径向尺寸1　　　　　图7-47　标注径向尺寸2

（3）标注径向尺寸2。单击【常用】选项卡【注释】面板中的【线性】命令，标注直径为12mm的圆。命令行提示和操作如下。

命令: dimlinear
指定第一条延伸线原点或 <选择对象>:
指定第二条延伸线原点:
指定尺寸线位置或
[多行文字(M)/文字(T)/角度(A)/水平(H)/垂直(V)/旋转(R)]: m

弹出如图7-48所示的【文字编辑器】选项卡，单击【插入】面板中的【符号】下拉按钮，在下拉菜单中选择"直径"选项，如图7-49所示。

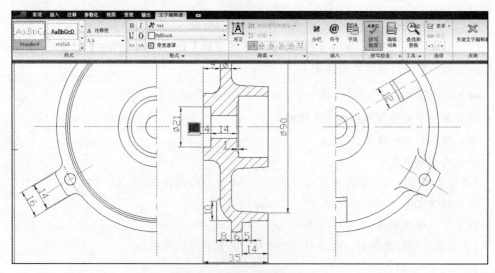

图7-48　【文字编辑器】选项卡

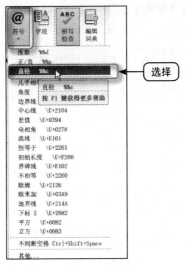

图7-49　插入直径符号

在【文字编辑器】选项卡中文字 φ12中输入"+0.035^ 0"后，单击【Space】键，弹出如图7-50所示的【自动堆叠特性】对话框，勾选【启用自动堆叠】复选框，单击【确定】按钮，完成尺寸偏差的创建，如图7-51所示。

同理，创建其他带偏差尺寸，结果如图7-52所示。

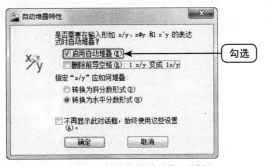

图7-50　【自动堆叠特性】对话框

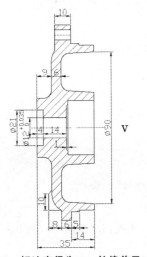

图7-51　标注直径为12mm的偏差尺寸

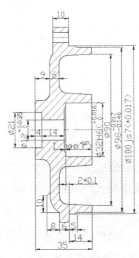

图7-52　标注带偏差尺寸

（4）标注直径尺寸。单击【常用】选项卡【注释】面板中的【直径】命令⊘，如图7-53所示，标注图中的直径尺寸。

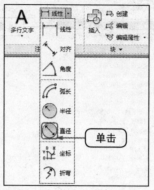

图7-53　单击【直径】命令

命令行提示和操作如下。

命令: dimdiameter
选择圆弧或圆:
标注文字 = 122
指定尺寸线位置或 [多行文字(M)/文字(T)/角度(A)]:

结果如图7-54所示。

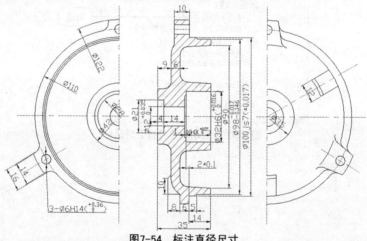

图7-54　标注直径尺寸

（5）标注技术要求。单击【常用】选项卡【注释】面板中的【多行文字】命令A，标注技术要求。命令行提示和操作如下。

命令: mtext
当前文字样式: "Standard" 文字高度: 2.5 注释性: 否
指定第一角点:
指定对角点或 [高度(H)/对正(J)/行距(L)/旋转(R)/样式(S)/宽度(W)/栏(C)]:

弹出【文字编辑器】选项卡，如图7-55所示。

图7-55 【文字编辑器】选项卡

在【文字编辑器】选项卡下输入技术要求，如图7-56所示。

（6）填写标题栏。单击【常用】选项卡【注释】面板中的【单行文字】[5]命令A，如图7-57所示，填写标题栏。

图7-56 标注技术要求

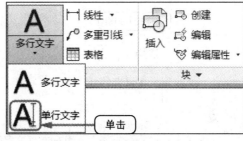

图7-57 单击【单行文字】命令

命令行提示和操作如下。

命令: dtext
当前文字样式: "机械制图" 文字高度: 5.0000 注释性: 否
指定文字的起点或 [对正(J)/样式(S)]:
指定文字的旋转角度 <0>:

结果如图7-58所示。

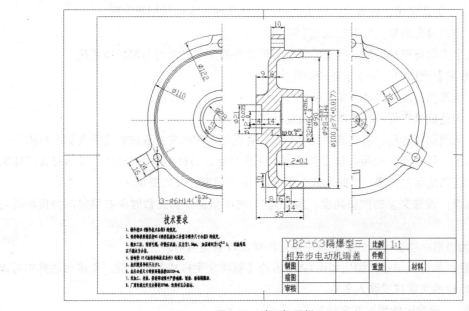

图7-58 填写标题栏

🔊 知识点拓展

〖 1 〗文字样式（style，快捷命令st）

执行此命令，弹出如图7-59所示的【文字样式】对话框。

图7-59 【文字样式】对话框

◆ 【样式】列表：列出所有已定义的样式名并默认显示选择的当前样式。

◆ 【字体】选项组：更改字体样式。

字体名：该下拉列表框中列出 Fonts 文件夹中所有注册的 TrueType 字体和所有编译的形 (SHX) 字体的字体族名。

字体样式：指定字体格式，比如斜体、粗体或者常规字体。

使用大字体： 指定亚洲语言的大字体文件。只有在【字体名】下拉列表框中指定 SHX 文件，才能使用【大字体】。

◆ 【大小】选项组：设置文本样式使用的字体文件、字体风格及字高。

高度：用来设置创建文字时的固定字高。

使用文字方向与布局匹配：指定图纸空间视口中的文字方向与布局方向匹配。

◆ 【效果】选项组：修改字体的特性。

颠倒：勾选此复选框，将文本文字倒置标注。

反向：勾选此复选框，将文本文字反向标注。

垂直：勾选此复选框，将文本垂直对齐。只有在选定字体支持双向时【垂直】才可用。

宽度因子：设置字符间距，确定文本字符的宽高比。当比例系数为1时，表示将按字体文件中定义的宽高比标注文字。当此系数小于1时，字会变窄，反之变宽。

倾斜角度：设置文字的倾斜角度。角度为0°时不倾斜，为正数时向右倾斜，为负数时向左倾斜。

◆ 置为当前：将在【样式】列表中选定的样式设置为当前。

◆ 新建：单击此按钮，弹出如图7-8所示的【新建文字样式】对话框。在该对话框中可以为新建的文字样式输入名称。

◆ 删除： 删除未使用的文字样式。

◆ 重命名：在【样式】列表中选中要改名的文本样式并右击，弹出如图7-60所示的快捷菜单，在快捷菜单中单击【重命名】命令，可以为所选文本样式输入新的名称。

图7-60 快捷菜单

◆ 应用：确认对文字样式的设置。当创建新的文字样式或对现有文字样式的某些特征进行修改后，都需要单击此按钮，系统才会确认所做的改动。

〖 2 〗打断于点（break，**快捷命令br**）

执行此命令，命令行提示如下。

> 选择对象：
> 指定第二个打断点 或 [第一点(F)]：

选项说明如下。

◆ 第二个打断点：指定用于打断对象的第二个点。
◆ 第一点：用指定的新点替换原来的第一个打断点。

〖 3 〗直径（dimdiameter，**快捷命令ddi**）

执行此命令，命令行提示如下。

> 选择圆弧或圆：
> 标注文字 = 388.63
> 指定尺寸线位置或 [多行文字(M)/文字(T)/角度(A)]：

选项说明如下。

◆ 尺寸线位置：指定点定位尺寸线并且确定绘制延伸线的方向。
◆ 多行文字：选择此项，弹出【文字编辑器】选项卡，编辑和标注文字。
◆ 文字：在命令行提示下输入或编辑尺寸文本。
◆ 角度：设置标注文字的倾斜角度。

〖 4 〗多行文字（mtext，**快捷命令t**）

执行此命令，命令行提示如下。

> 当前文字样式："机械制图" 文字高度： 5 注释性： 否
> 指定第一角点：
> 指定对角点或 [高度(H)/对正(J)/行距(L)/旋转(R)/样式(S)/宽度(W)/栏(C)]：

选项注明如下。

◆ 高度：设置文字高度。
◆ 对正：设置所标注文本的对齐方式。
◆ 行距：设置多行文本的行间距。

◆ 旋转：设置文本的倾斜角度。

◆ 样式：设置当前文本文字样式。

◆ 宽度：设置当前文本文字的宽度。

◆ 栏：设置栏的各个参数。

指定对角点或指定高度或设置栏的参数后，弹出如图7-61所示的【文字编辑器】选项卡。

图7-61 【文字编辑器】选项卡

【文字编辑器】选项卡中的选项说明如下。

◆ 样式面板

样式：向多行文字对象应用文字样式，默认情况下，"Standard"文字样式处于当前状态。

高度：按图形单位设置新文字的字符高度或修改选定文字的高度。可在文本编辑器中设置输入新的字符高度，也可从此下拉列表框中选择已设定过的高度值。

◆ 【格式】面板

【加粗】按钮**B**：打开和关闭新文字或选定文字的粗体格式。

【斜体】按钮*I*： 打开和关闭新文字或选定文字的斜体格式。

【下划线】按钮U和【上划线】按钮O：打开和关闭新文字或选定文字的下划线或上划线。

字体：从【字体】下拉列表框中为新输入的文字指定字体或改变选定文字的字体。

颜色：从【颜色】下拉列表框中指定新文字的颜色或更改选定文字的颜色。

【倾斜角度】按钮*O/*：设置文字的倾斜角度。倾斜角度表示的是相对于 90°角方向的偏移角度。倾斜角度的值为正时文字向右倾斜；倾斜角度的值为负时文字向左倾斜。

【追踪】按钮ab：设置增大或减小选定字符之间的间距。1.0表示设置常规间距；设置大于1.0表示增大间距；设置小于1.0表示减小间距。

【宽度因子】按钮O：用于扩展或收缩选定字符。1.0表示设置代表此字体中字母的常规宽度，可以增大该宽度或减小该宽度。

【背景遮罩】按钮：用设定的背景对标注的文字进行遮罩。单击此按钮，弹出如图7-62所示的【背景遮罩】对话框。

图 7-62 【背景遮罩】对话框

◆ 【段落】面板

【对正】按钮：下拉列表框中包含九个对齐方式，其中"左上"为默认对齐方式。

项目符号和编号：显示用于创建列表的选项。

行距：在当前段落或选定段落中设置行距。行距是多行段落中文字的上一行底部和下一行顶部之间的距离。可以从其下拉列表框中选择合适的行距。

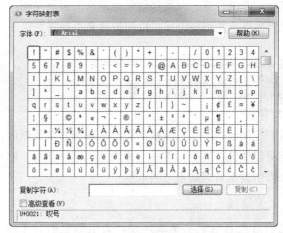：设置当前段落或选定段落的左、中或右文字边界的对正和对齐方式。包含在一行的末尾输入的空格，并且这些空格会影响行的对正。

◆ 【插入】面板

【分栏】按钮：其下拉列表框中包括"不分栏"、"静态栏"和"动态栏"。

【符号】按钮@：用于输入各种符号。其下拉列表框如图7-63所示，可以从中选择符号输入到文本中。

【字段】按钮：用于插入一些常用或预设字段。单击此按钮，弹出如图7-64所示的【字符映射表】对话框，可从中选择字段，插入到标注文本中。

度数 (D)	%%d
正/负 (P)	%%p
直径 (I)	%%c
几乎相等	\U+2248
角度	\U+2220
边界线	\U+E100
中心线	\U+2104
差值	\U+0394
电相角	\U+0278
流线	\U+E101
恒等于	\U+2261
初始长度	\U+E200
界碑线	\U+E102
不相等	\U+2260
欧姆	\U+2126
欧米加	\U+03A9
地界线	\U+214A
下标 2	\U+2082
平方	\U+00B2
立方	\U+00B3
不间断空格 (S)	Ctrl+Shift+Space
其他 (O)...	

图7-63 【符号】下拉列表框

图7-64 【字符映射表】对话框

◆ "选项"面板

字符集：显示代码页菜单，可以选择一个代码页并将其应用到选定的文本文字中。

标尺：在编辑器顶部显示标尺。拖动标尺末尾的箭头可更改多行文字对象的宽度。列模式处于活动状态时，还显示高度和列夹点。

【查找和替换】按钮：单击此按钮，弹出如图7-65所示的【查找和替换】对话框，可以利用该对话框进行查找或替换操作。

图7-65 【查找和替换】对话框

〖 5 〗单行文字（text）

执行此命令，命令行提示如下。

```
当前文字样式：  "Standard"  文字高度： 2.5000  注释性： 否
指定文字的起点或 [对正(J)/样式(S)]：
指定高度 <2.5000>：
指定文字的旋转角度 <0>：
```

选项说明如下。

◆ 指定文字的起点：直接在绘图区选择一点作为输入文本的起始点。

◆ 对正：设置文本的对齐方式。

◆ 样式：设置文字当前样式。

使用该命令创建文本时，在命令行输入的文字同时显示在绘图区，而且在创建过程中可以随时改变文本的位置，只要移动光标到新的位置单击，则当前行结束，随后输入的文字在新的文本位置出现。用这种方法可以把多行文本标注到绘图区的不同位置。

专业知识详解

我们在学校的时候，电机端盖与轴承总是选择新的，但实际生产中，机器不总是新的，维修是不可避免的，这里对维修方面的知识稍作介绍。维修往往不只针对一个件，而是针对几个件，如本例就是针对端盖与轴承的。

〖 1 〗端盖

电机端盖是电机的基本外设，为电动机的转子提供轴承支撑点，保护轴承（提供储油室）、绕组等，协助外壳实现一定的防护等级要求。一般要求其要有足够的机械强度，能支撑转子及其旋转时所造成的机械冲击；要达到一定的防护等级，确保对绕组及旋转体有足够的保护作用；要满足一定的机械加工及安装精度要求，确保电机的安全运行。

为了达到以上目的，端盖需要有足够的强度和刚度，能承受转子及其旋转时所造成的机械冲击；要有合理的结构（实现储油和密封）；还要满足一定的机械加工及安装精度要求，这主要表现在如下几方面。

◆ 止口要与机壳同心，精度要好，一般要选js7。

◆ 轴承室的加工要与止口同心，建议精度G4，下偏差按IT7。

◆ 轴承室与止口的圆跳动（建议选择7～8级精度）。

◆ 铸件加工前一般要作时效处理，消除内应力。

端盖一般分两部分（驱动端盖和电刷端盖），起支撑转子、定子、整流器和电刷组件的作用。端盖一般用铝合金铸造（有的为铸铁的），因为铝合金可有效地防止漏磁，散热性能好。另外，电刷端盖上装有电刷组件。

发电机的轴承与密封支座都装在端盖上，缩短了转轴的长度，并具有良好的支承刚度。轴承中心线距机座端面较近，使端盖在支承重量和承受机内氢压时变形最小，保证了可靠的气密性。

端盖与机座、出线盒和氢冷却器外罩一起组成"耐爆"压力容器。端盖为厚钢板拼焊而成，为气密性焊缝，焊后须进行焊缝的气密试验和退火处理，并要承受水压试验的考验。上、下半端盖合缝面的密封及端盖与机座把合面的密封均采用密封槽填充密封胶的结构。为提高端盖合缝面的连接刚度，端盖合缝面采用双排连接螺钉。

〖 2 〗 相关故障

电机的故障可概括为机械与电气两方面。机械方面有扫膛、振动、轴承过热、损坏等故障，由于篇幅所限，这里只介绍与端盖相关的故障。

（1）轴承外圈和电机端盖之间的故障

当轴承内圈与轴颈或外圈与端盖的间隙大于0.1mm时，定、转子就可能相擦（扫膛）。扫膛较轻时，电机尚能启动运转，但随温度升高，时间长了易烧坏绕组，严重时将不能启动运转。拆开有扫膛故障的电机能看到呈紫蓝色的擦伤面。

（2）轴承转套现象

发生轴承转套现象的电机大多是铝壳电机。产生转套的原因有二，一是加工精度较差，二是拆装频繁且不合理。轴承内套与轴颈是紧配合的，外套与端盖加工成零配合或稍有紧度。有的电机为防止轴承外套与端盖转套，在外套与端盖间加装了特制的钢片，有的将轴承打上打下（正确拆装轴承应加热）或将防转钢片丢失，均会产生轴承转套现象。

对于有轴承转套现象的电机，以往大多采用凿毛法修理，但效果（尤其是端盖）并不理想。采用胶粘法修理，效果会较好，功率较大、转速较高的电机用金属胶，功率较小、转速不高的电机用氯酊胶。方法是，先将转套处擦洗干净，加好润滑脂，然后涂上胶，再将电机装复。对于转套较严重、轴承内圈与轴颈或外套与端盖间隙较大者，可用适当厚度的金属片垫在间隙内（为了保证同心度应将金属片做成斜口）。实践表明，绝大多数电机用适当的胶涂在间隙中即可恢复正常。

〖 3 〗 故障原因及修复

轴承外圈和电机端盖配合间隙超差的原因有如下三种可能。

①电机端盖加工超差，或接近公差上限。

②轴承外圈外径超差，或接近公差下限。

③多次违章拆卸，造成电机端盖轴承内孔尺寸加大。

要修复就是设法缩小电机端盖轴承内孔尺寸，根据磨损程度可以选用如下不同的方法。

①在车床上按电机端盖和机壳配合止口找正，将轴承内孔车圆使尺寸加大，热配一个钢圈（其内孔要按标准公差加工，用于磨损十分严重且失圆时）。

②在电机端盖轴承内孔表面镀铬，使尺寸缩小。

③采取低温镀铁工艺，使电机端盖轴承内孔尺寸缩小。

修复时，可以考虑热喷涂的工艺，但要注意涂层的均匀和厚度；不建议焊后修复工艺。如果电机端盖的材质是铸铁，可焊性较差，且焊接易造成电机端盖变形，影响电机装配质量，甚至会造成电机"气隙"严重不匀。

〖 4 〗 机壳和端盖的检修

机壳和端盖若有裂纹，应进行堆焊修复；若遇到轴承镗孔间隙过大，造成轴承端盖配合过松，一般可用冲子将轴承孔壁均匀打出毛刺，然后将轴承打入端盖；对于功率较大的电动机，也可采用镶补或电镀的方法，最后加工出轴承所需的尺寸。

拆卸前，应在端盖与机座的接缝处做好标记（以便复原），然后拧下固定端盖的螺钉，用螺丝刀慢慢地撬下端盖（拧螺钉和撬端盖都要对角线均匀对称地进行）。前后端盖要做上记号，以免装配时前后搞错。

装配时，要对准机壳和端盖的接缝标记装上端盖，然后插入螺钉并拧紧。拧紧时须注意要按对角线对称地旋进螺钉，而且要分几次旋紧，且不可有松有紧，以免损伤端盖；同时要随时转动转子，以检查转动是否灵活。

在实际工作中，一些方法（如打毛等）是课本上根本学不到的，只有在车间时注意学习，虚心请教。

任务 2 绘制减速器端盖

任务参考效果图

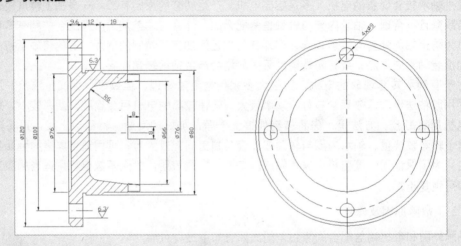

任务背景

本实例所用产品为减速器上所用端盖，由于此减速器结构改变，原来的嵌入式轴承盖结构已经无法满足结构改变后的要求，企业要求端盖采用凸缘式结构，并且要求在满足基本需求的情况下拆装要方便。本实例中减速器上一共有大小各两对轴承端盖（每对又分为带通孔和不带通孔两种），本实例为其中的非通孔大端盖。

任务要求

本实例为减速器中的非通孔大端盖，材料采用HT150，由于轴承外径为Φ80，所以本轴承端盖与箱体孔配合部分直径为φ80，轴承盖联结螺栓为4个，螺栓直径为M8，所以本结构中螺栓孔为φ9，端盖左端φ76凹部分为非加工表面。加工时仅需保证端盖的环形部分即可。

任务分析

本实例主要将运用到【直线】、【偏移】命令来绘制左视图，以及利用【圆】命令绘制右视图，其中会应用到【阵列】命令来进行多孔的绘制。

模块 08

设计制作轮盘类零件

——图块的运用

能力目标

1. 能利用创建块命令创建不同的块

2. 能定义块属性

专业知识目标

1. 了解轮盘类零件的设计方法

2. 了解链轮的画法

软件知识目标

1. 掌握图块的应用

2. 掌握各种块命令的应用

课时安排

4课时（讲课2课时，练习2课时）

模拟制作任务

任务 1　绘制链轮

任务参考效果图

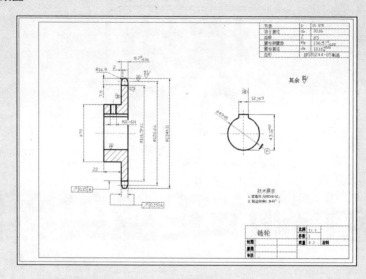

任务背景

链轮为链传动中的一种零件，链传动属于具有中间挠性体的啮合传动，由装在平行轴上的主、从动链轮和绕在链轮上的环形链条所组成，通过链与链轮的啮合来传递运动和动力。链传动是一种广泛应用的机械传动形式，通常使用于轴距较大的场合。链轮齿与轮子链在传动中并非共轭啮合，故链轮齿形具有较大的灵活性，齿形设计以便于加工、不易脱链、链节能平稳自由进入和退出、减少啮合冲击为目标。

任务要求

链轮属于盘类零件，国标GB/T 1243—1997中只规定了轮齿的最大齿槽形状和最小齿槽形状，链轮的主要尺寸包括齿数Z、分度圆直径d、齿顶圆直径d_a、齿根圆直径d_f等。本实例由于本链轮尺寸较小，所以采用整体式结构，为保证本链轮具有足够的强度和良好的耐疲劳性。采用45Mn经淬火和回火处理，齿面硬度55~60HRC；为保证在两个极限齿槽形状之间的齿形均可用，链轮齿形采用渐开线齿轮廓链轮滚刀以范成法来加工。

任务分析

本实例为链轮的绘制，制作思路为：首先绘制中心线和辅助线，然后进行两次镜像操作生成左视图，接着进行主视图的绘制，主视图主要用【圆】命令来绘制，其中有一个键槽，然后再绘制放大视图，最后对图形进行标注尺寸和形位公差。

制作流程及难点

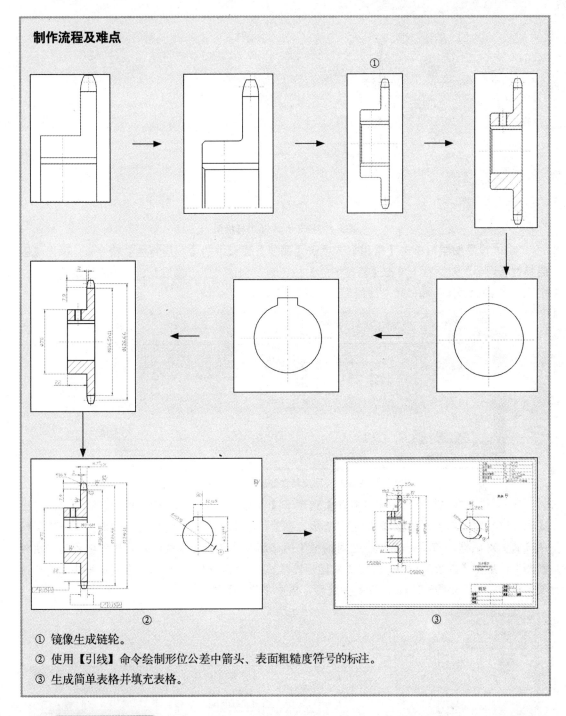

① 镜像生成链轮。

② 使用【引线】命令绘制形位公差中箭头、表面粗糙度符号的标注。

③ 生成简单表格并填充表格。

➡ **操作步骤详解**

1．绘图准备

（1）新建文件。单击菜单栏中的【文件】＞【新建】命令，或单击快速访问工具栏中的
【新建】命令🗋，弹出【选择样板】对话框，在对话框中选择"A3-横"样板，单击【打开】
按钮，建新图形，如图8-1所示。

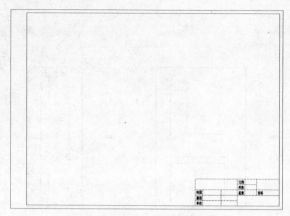

图8-1　打开"A3-横"样板图

（2）设置图层。单击【常用】选项卡【图层】面板中的【图层特性】命令，弹出【图层特性管理器】对话框，单击【新建图层】按钮，创建"中心线层"、"粗实线层"、"文字"、"剖面线层"和"尺寸线层"，如图8-2所示。

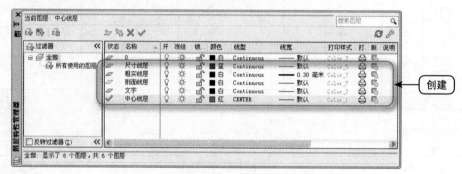

图8-2　【图层特性管理器】对话框

（3）设置标注样式。单击【常用】选项卡【注释】面板中的【标注样式】命令，弹出【标注样式管理器】对话框，如图8-3所示。在对话框中单击【新建】按钮，弹出【创建新标注样式】对话框，如图8-4所示。在对话框中的【新样式名】文本框中输入样式名称为"机械制图"，单击【继续】按钮，弹出【新建标注样式：机械制图】对话框，在对话框中对各个选项卡进行设置，如图8-5所示。设置完成后，单击【确定】按钮。

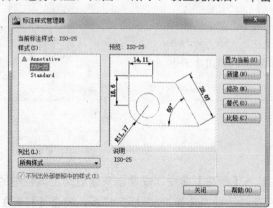

图8-3　【标注样式管理器】对话框

图8-4　【创建新标注样式】对话框

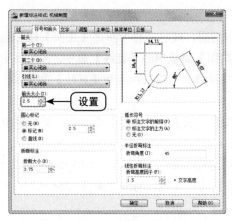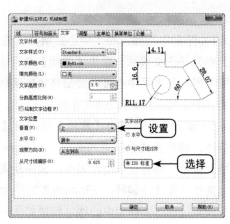

(a) 【符号和箭头】选项卡　　　　(b) 【文字】选项卡

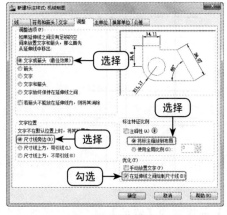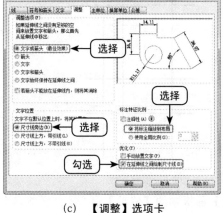

(c) 【调整】选项卡　　　　(d) 【主单位】选项卡

图8-5 【新建标注样式：机械制图】对话框

（4）设置文字样式。单击【常用】选项卡【注释】面板中的【文字样式】命令，弹出【文字样式】对话框。在对话框中单击【新建】按钮，弹出【新建文字样式】对话框，在对话框中输入样式名为"机械制图"，单击【确定】按钮，返回到【文字样式】对话框，在【机械制图】样式中设置【字体名】为"华文仿宋"、【字体样式】为"常规"、【高度】为"5.0000"、【宽度因子】为"0.7000"，单击【置为当前】按钮，将新创建的"机械制图"样式设置为当前文字样式，如图8-6所示。

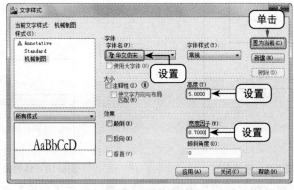

图8-6 设置文字样式

2．绘制主视图

（1）绘制中心线。将"中心线层"设置为当前层，在状态栏中单击【正交】按钮▓或按【F8】键打开正交模式，单击【常用】选项卡【绘图】面板中的【直线】命令✐，在视图中适当位置绘制一条水平中心线，然后将"粗实线层"设置为当前层；重复【直线】命令✐，绘制一条竖直中心线，结果如图8-7所示。

（2）偏移直线。单击【常用】选项卡【修改】面板中的【偏移】命令△，将水平中心线向上偏移，偏移距离分别为20mm、23.3 mm、35 mm、58.25 mm、63.33 mm和67 mm；重复【偏移】命令，将竖直线向左偏移，偏移距离分别为4.35mm、8.7 mm、18.68 mm和30.7 mm；将向上偏移的直线除偏移63.33mm的直线外全部转换为粗实线，将向左偏移4.35mm和18.68mm的两条粗实线直线转换为中心线，结果如图8-8所示。

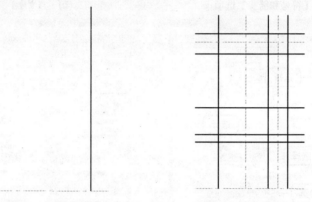

图8-7　绘制中心线　　　　　　　　　图8-8　偏移直线

（3）修剪图形。单击【常用】选项卡【修改】面板中的【修剪】命令┉，修剪多余的线段，结果如图8-9所示。

（4）偏移处理。单击【常用】选项卡【修改】面板中的【偏移】命令△，将图8-9中的短竖直中心线L1向两侧偏移，偏移距离为2.35mm；重复【偏移】命令，将图8-9中的直线L2向上偏移，偏移距离为1mm；将偏移后的直线转换为粗实线，结果如图8-10所示。

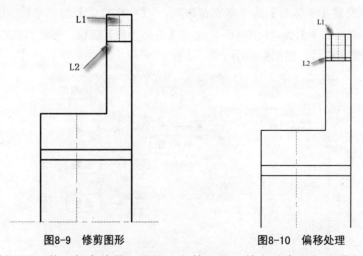

图8-9　修剪图形　　　　　　　　　　图8-10　偏移处理

（5）绘制圆弧。将"粗实线层"设置为当前图层，单击【常用】选项卡【绘图】面板中的【三点】命令，绘制圆弧，命令行提示和操作如下。

命令：arc
指定圆弧的起点或 [圆心(C)]：（拾取图8-10中的点1）
指定圆弧的第二个点或 [圆心(C)/端点(E)]：e
指定圆弧的端点：（拾取图8-10中的点2）
指定圆弧的圆心或 [角度(A)/方向(D)/半径(R)]：r
指定圆弧的半径：16.9

重复执行【三点】命令，绘制另一半圆弧，结果如图8-11所示。

（6）修剪图形。单击【常用】选项卡【修改】面板中的【修剪】命令，修剪多余的线段；单击【常用】选项卡【修改】面板中的【删除】命令，删除步骤4中偏移的两条竖直线和水平直线，结果如图8-12所示。

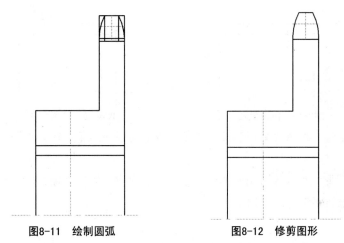

图8-11 绘制圆弧   图8-12 修剪图形

（7）调整中心线长度。运用AutoCAD中的夹点功能将剪切得到的短中心线长度调整到合适的位置，结果如图8-13所示。

（8）圆角处理。单击【常用】选项卡【修改】面板中的【圆角】命令，对图形进行圆角处理，圆角半径为2mm，结果如图8-14所示。

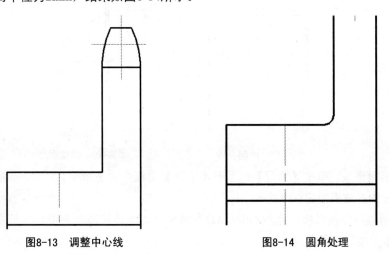

图8-13 调整中心线   图8-14 圆角处理

（9）倒角处理。单击【常用】选项卡【修改】面板中的【倒角】命令◻，采用修剪模式，设置倒角距离为1.5mm，对直线L3和直线L4进行倒角处理；重复【倒角】命令，采用不修剪模式，设置倒角距离为2mm，对直线L4和直线L5进行倒角处理，如图8-15所示。

（10）修剪图形。单击【常用】选项卡【修改】面板中的【修剪】命令，修剪多余的线段，结果如图8-16所示。

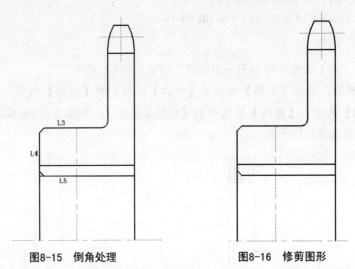

图8-15　倒角处理　　　　　　　　　　图8-16　修剪图形

（11）绘制直线。单击【常用】选项卡【绘图】面板中的【直线】命令，连接倒角到中心线，结果如图8-17所示。

（12）镜像图形。单击【常用】选项卡【修改】面板中的【镜像】命令，将图中所有视图沿水平中心线进行镜像，结果如图8-18所示。

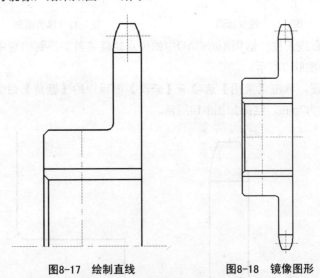

图8-17　绘制直线　　　　　　　　　　图8-18　镜像图形

（13）删除直线。单击【常用】选项卡【修改】面板中的【删除】命令，删除镜像生成的一条水平直线，结果如图8-19所示。

（14）调整中心线长度。运用AutoCAD中的夹点功能将左端竖直中心线长度调整到合适的位置，结果如图8-20所示。

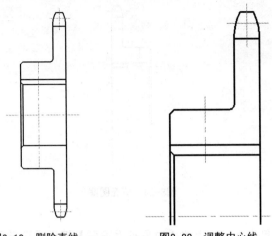

图8-19　删除直线　　　　图8-20　调整中心线

（15）偏移处理。单击【常用】选项卡【修改】面板中的【偏移】命令，将上步调整的竖直中心线向左右两侧偏移，偏移距离为3.2mm和4mm，并将偏移距离为3.2mm的直线转换为粗实线，将偏移距离为4mm的直线转换为细实线，结果如图8-21所示。

（16）修整图形。单击【常用】选项卡【修改】面板中的【修剪】命令和单击【常用】选项卡【修改】面板中的【删除】命令，修剪和删除多余的线段，结果如图8-22所示。

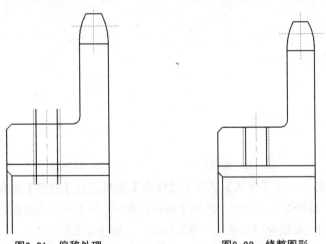

图8-21　偏移处理　　　　　图8-22　修整图形

（17）填充图案。将"剖面线层"设置为当前图层，单击【常用】选项卡【绘图】面板中的【图案填充】命令，打开如图8-23所示的【图案填充创建】选项卡，在【图案】面板中选择"ANSI31"图例，在【特性】面板中设置比例为"2"，在视图中选取要填充的区域，按【Enter】键，完成图案填充，结果如图8-24所示。

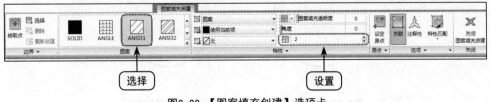

图8-23　【图案填充创建】选项卡

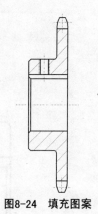

图8-24　填充图案

3．绘制左视图

（1）绘制直线。单击状态栏上的【对象捕捉追踪】按钮或在键盘上按【F11】键打开对象捕捉追踪功能，将"中心线层"设置为当前层，单击【常用】选项卡【绘图】面板中的【直线】命令 ，捕捉第一视图的中心线端点，绘制一条水平中心线；重复【直线】命令，绘制一条竖直中心线，结果如图8-25所示。

（2）绘制圆。将"粗实线层"设置为当前图层，单击【常用】选项卡【绘图】面板中的【圆】命令 ，以两中心线的交点为圆心，绘制直径为40mm的圆，结果如图8-26所示。

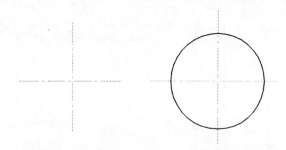

图8-25　绘制直线　　　　　图8-26　绘制圆

（3）偏移直线。单击【常用】选项卡【修改】面板中的【偏移】命令 ，分别将竖直中心线向两侧偏移，偏移距离为6mm；重复【偏移】命令，将水平中心线向上偏移，偏移距离为23.3mm，将偏移后的直线全部切换到"粗实线层"，结果如图8-27所示。

（4）修剪图形。单击【常用】选项卡【修改】面板中的【修剪】命令 ，修剪第二视图中多余的线段，结果如图8-28所示。

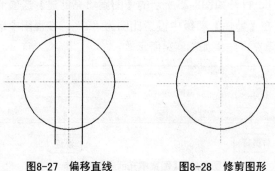

图8-27　偏移直线　　　　　图8-28　修剪图形

4．标注尺寸

（1）添加线性标注。单击【常用】选项卡【注释】面板中的【线性】命令⊟，对链轮主视图中的线性尺寸进行标注，效果如图8-29所示。

（2）标注径向尺寸。单击【常用】选项卡【注释】面板中的【线性】命令⊟，标注径向尺寸，结果如图8-30所示。

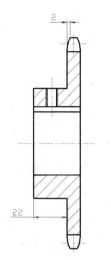

图8-29　添加线性标注　　　　图8-30　标注径向尺寸

（3）标注带偏差的尺寸。单击【常用】选项卡【注释】面板中的【线性】命令⊟，标注带偏差的尺寸，结果如图8-31所示。

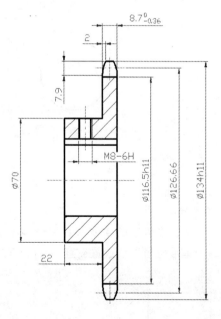

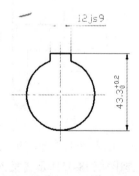

图8-31　标注带偏差的尺寸

（4）标注半径和直径尺寸。单击【常用】选项卡【注释】面板中的【半径】①命令◎和【直径】命令◎，如图8-32所示，标注图中的半径尺寸和直径尺寸。

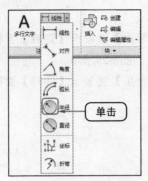

图8-32　单击【半径】命令

命令行提示和操作如下。

命令: dimradius
选择圆弧或圆:
标注文字 = 3
指定尺寸线位置或 [多行文字(M)/文字(T)/角度(A)]:

结果如图8-33所示。

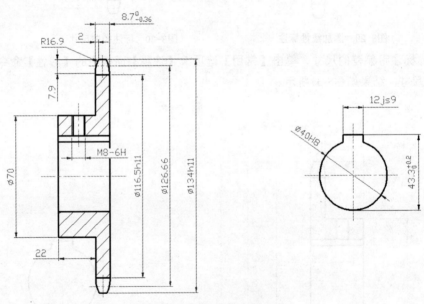

图8-33　标注半径和直径尺寸

（5）插入基准符号。单击【插入】选项卡【块】面板中的【插入】[2]命令，如图8-34所示，弹出如图8-35所示【插入块】对话框，将"基准符号"块放置在直径65mm的尺寸线下方，如图8-36所示。

图8-34　单击【插入】命令

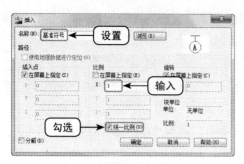

图8-35 【插入】对话框   图8-36 插入基准符号

（6）标注形位公差。在命令行中输入【qleader】命令，标注形位公差，效果如图8-37所示。

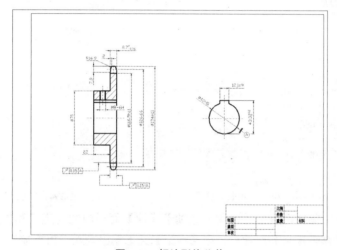

图8-37 标注形位公差

（7）标注粗糙度。

1）绘制三角形。单击【常用】选项卡【绘图】面板中的【多边形】命令，在视图中空白位置创建边长为6mm的正三角形，结果如图8-38所示。

2）旋转正三角形。单击【常用】选项卡【修改】面板中的【旋转】命令，将上步绘制的三角形绕一点旋转，旋转角度为60°，结果如图8-39所示。

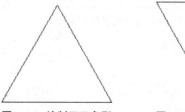

图8-38 绘制正三角形   图8-39 旋转正三角形

3）分解图形。单击【常用】选项卡【修改】面板中的【分解】[3]命令，将旋转后的三角形分解。命令行提示和操作如下。

```
命令: explode
选择对象: （拾取旋转后的三角形）
选择对象:
```

4）拉长图形。单击【常用】选项卡【修改】面板中的【拉长】④命令 ⬈，如图8-40所示，将三角形的一边拉长。命令行提示和操作如下。

```
命令：lengthen
选择对象或 [增量(DE)/百分数(P)/全部(T)/动态(DY)]：
当前长度：6.0000
选择对象或 [增量(DE)/百分数(P)/全部(T)/动态(DY)]：de
输入长度增量或 [角度(A)] <0.0000>: 6
选择要修改的对象或 [放弃(U)]：（拾取右边斜线）
```

结果如图8-41所示。

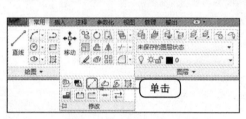

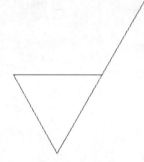

图8-40　单击【拉长】命令 ⬈　　　　　　图8-41　拉长直线

5）定义粗糙度属性。单击【常用】选项卡【块】面板中的【定义属性】⑤命令 ⬚，如图8-42所示，弹出【属性定义】对话框，在【标记】文本框中输入"粗糙度"，在【提示】文本框中输入"请输入粗糙度值"，在【默认】文本框中输入"1.6"，并设置其他参数，如图8-43所示。单击【确定】按钮，将粗糙度放置于粗糙度符号上方，如图8-44所示。

图8-42　单击【定义属性】按钮

图8-43　【属性定义】对话框　　　　　　图8-44　定义粗糙度属性

6）设置对话框。在命令行中输入【wblock】[⑥]命令，弹出如图8-45所示的【写块】对话框，在图8-46中拾取粗糙度符号的下端点为基点，选取图示的图形为对象，在【写块】对话框中设置保存路径，单击【确定】按钮，完成粗糙度块的创建。

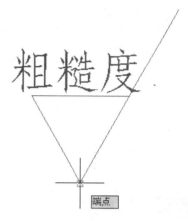

图8-45 【写块】对话框　　　　　　　　　　图8-46 拾取基点

7）标注粗糙度。单击【常用】选项卡【块】面板中的【插入块】命令，弹出如图8-47所示的【插入】对话框，单击【浏览】按钮，选择粗糙度块，其他保持默认，单击【确定】按钮，粗糙度块插入到视图中。

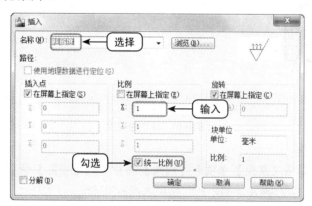

图8-47 【插入】对话框

执行此命令，命令行提示如下。

命令: insert
指定插入点或 [基点(B)/比例(S)/X/Y/Z/旋转(R)]:（在视图中拾取要标注粗糙度的位置）
指定旋转角度 <0>: 0
输入属性值
请输入粗糙度值 <1.6>: 3.2
验证属性值
请输入粗糙度值 <3.2>:

结果如图8-48所示。重复【插入块】命令，完成粗糙度的标注，结果如图8-49所示。

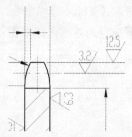

图8-48　标注3.2的粗糙度

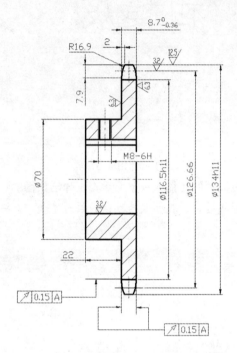

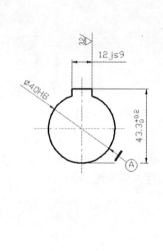

图8-49　标注粗糙度

（8）绘制参数表。

1）绘制矩形。单击【常用】选项卡【绘图】面板中的【矩形】命令□，在图中适当位置绘制宽度为112mm、高度为42mm的矩形，结果如图8-50所示。

2）分解矩形。单击【常用】选项卡【修改】面板中的【分解】命令，如图8-51所示，将上步绘制的矩形分解。

图8-50　绘制矩形

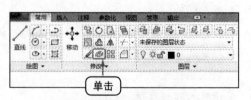

图8-51　单击【分解】命令

3）偏移处理。单击【常用】选项卡【修改】面板中的【偏移】命令，将矩形左边的竖直线向右偏移，偏移距离分别为49mm、63mm；重复【偏移】命令，将矩形最上边的水平直线向下偏移，偏移距离分别为7mm、14 mm、21 mm、28 mm、35mm。结果如图8-52所示。

4）修剪表格。单击【常用】选项卡【修改】面板中的【修剪】命令✂，修剪多余线段，结果如图8-53所示。

图8-52　绘制表格

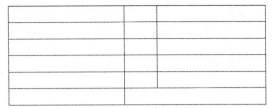

图8-53　修剪表格

5）标注参数。单击【常用】选项卡【注释】面板中的【多行文字】命令A，标注齿形参数，结果如图8-54所示。

节距	p	15.875
滚子直径	d_r	10.16
齿数	Z	25
量柱测量距	M_R	$136.57^{0}_{-0.25}$
量柱直径	d_R	$10.16^{+0.01}_{0}$
齿形		按GB1244-85制造

图8-54　标注齿形参数

（9）填写其他内容。单击【常用】选项卡【注释】面板中的【多行文字】命令A，弹出【文字编辑器】选项卡，标注技术要求，如图8-55所示。填写标题栏，效果如图8-56所示。

图8-55　标注技术要求

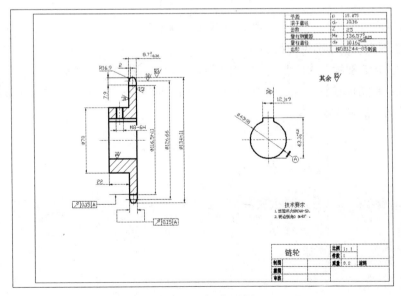

图8-56　填写标题栏

知识点拓展

[1]半径（dimradius，快捷命令dra）

执行此命令，命令行提示如下。

> 选择圆弧或圆：
> 标注文字 = 10
> 指定尺寸线位置或 [多行文字(M)/文字(T)/角度(A)]：

选项说明如下。

◆ 尺寸线位置：指定点定位尺寸线并且确定绘制延伸线的方向。

◆ 多行文字：选择此项，弹出【文本编辑器】对话框，在其中编辑和标注文字。

◆ 文字： 在命令行提示下输入或编辑尺寸文本。

◆ 角度：设置标注文字的倾斜角度。

[2]插入（insert，快捷命令i）

执行此命令，弹出如图8-57所示的【插入】对话框。

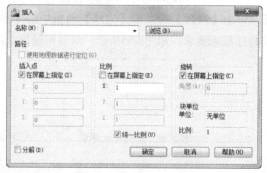

图 8-57 【插入】对话框

【插入】对话框的选项说明如下。

◆ 名称：指定要插入块的名称，或指定要作为块插入的文件的名称。

◆ 浏览：单击此按钮，弹出如图8-58所示的【选择图形文件】对话框，在该对话框中选择要插入的块或图形文件。

图8-58 【选择图形文件】对话框

◆ 路径：显示图块的保存路径。

◆ 使用地理数据进行定位：插入将地理数据用作参照的图形。指定当前图形和附着的图形是否包含地理数据。此复选项仅在这两个图形均包含地理数据时才可用。

◆ 插入点：指定插入点，插入图块时该点与图块的基点重合。可以在绘图区指定该点，也可以在下面的文本框中输入坐标值。

◆ 比例：确定插入图块时的缩放比例。图块被插入到当前图形中时，可以以任意比例放大或缩小。可以在绘图区中指定缩放比例，也可以直接在文本框中输入比例值，如图8-59所示。

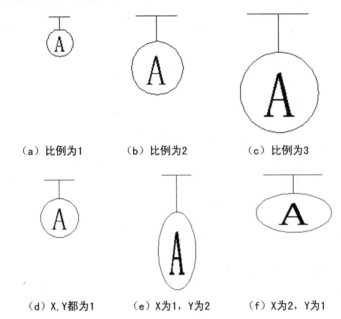

（a）比例为1　　（b）比例为2　　（c）比例为3

（d）X, Y都为1　　（e）X为1，Y为2　　（f）X为2，Y为1

图8-59　插入图块比例不同

◆ 旋转：指定插入图块时的旋转角度。图块被插入到当前图形中时，可以绕其基点旋转一定的角度，角度可以是正数（表示沿逆时针方向旋转），也可以是负数（表示沿顺时针方向旋转）。可以在绘图区中指定旋转角度，也可以直接在角度文本框中输入角度值，如图8-60所示。

（a）角度为0　　（b）角度为45　　（c）角度为-60

图8-60　不同的旋转角度

◆ 块单位：显示有关块单位的信息。

◆ 分解：勾选此复选框，则在插入块的同时把其分解，插入到图形中的组成块对象不再是一个整体，可对每个对象单独进行编辑操作。

〔3〕分解（explode，快捷命令x）

执行此命令，命令行提示如下。

> 命令：explode
>
> 选择对象：选择要分解的对象
>
> 选择一个对象后，该对象会被分解，系统继续提示该行信息，允许分解多个对象。

技巧荟萃

【分解】命令是将一个合成图形分解为其部件的工具。例如，一个矩形被分解后就会变成4条直线，且一个有宽度的直线分解后就会失去其宽度属性。

〖 4 〗拉长（lengthen，快捷命令len）

执行此命令，命令行提示如下。

> 选择对象或 [增量(DE)/百分数(P)/全部(T)/动态(DY)]：

选项说明如下。

◆ 增量：用指定增加量的方法改变对象的长度或角度。

◆ 百分数：用指定占总长度百分比的方法改变圆弧或直线段的长度。

◆ 全部：用指定新总长度或总角度值的方法改变对象的长度或角度。

◆ 动态：通过拖动选定对象的端点之一来改变对象的长度。

〖 5 〗定义属性（attdef，快捷命令att）

执行此命令，弹出如图8-61所示的【属性定义】对话框。

图8-61 【属性定义】对话框

【属性定义】对话框中的选项说明如下。

◆ 【模式】选项组：设置与块关联的属性值选项。

不可见：属性为不可见显示方式，即插入图块并输入属性值后，不显示或打印属性值。

固定：属性值为常量，即在插入块时赋予属性固定值。

验证：当插入图块时，系统提示验证属性值是否正确。

预设：当插入图块时，系统自动把事先设置好的默认值赋予属性，而不再提示输入属性值。

锁定位置：锁定块参照中属性的位置。解锁后，属性可以相对于使用夹点编辑块的其他部分移动，并且可以调整多行文字属性的大小。

多行：指定属性值可以包含多行文字，可以指定属性的边界宽度。

◆ 【属性】选项组：用于设置属性数据。

标记：标识图形中每次出现的属性。使用任何字符组合（空格除外）输入属性标记。小写字母会自动转换为大写字母。

提示： 指定在插入包含该属性定义的块时显示的提示。属性提示是插入图块时系统要求输入属性值的提示，如果不在此文本框中输入文字，则以属性标签作为提示。如果在【模式】选项组中勾选【固定】复选框，即设置属性为常量，则不需设置属性提示。

默认：设置默认的属性值。可把使用次数较多的属性值作为默认值，也可不设默认值。

【插入字段】按钮：单击此按钮，弹出如图8-62所示的【字段】对话框，插入一个字段作为属性的全部或部分值。

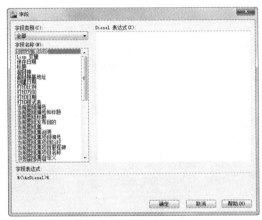

图8-62 【字段】对话框

◆ 【插入点】选项组：用于指定属性文本的位置。可以在插入时由用户在图形中确定属性文本的位置，也可在文本框中直接输入属性文本的位置坐标。

◆ 【文字设置】选项组：用于设置属性文本的对齐方式、文字样式、字高和倾斜角度。

◆ 在上一个属性定义下对齐"：勾选此复选框表示把属性标签直接放在前一个属性的下面，而且该属性继承前一个属性的文字样式、字高和倾斜角度等特性。

〖6〗wblock（快捷命令w）

执行此命令，弹出如图8-63所示的【写块】对话框。

图8-63 【写块】对话框

【写块】对话框中的选项说明如下。

◆ 【源】选项组：确定要保存为图形文件的图块或图形对象。

块：单击右侧的下拉按钮，在其展开的下拉列表框中选择一个图块，将其保存为图形文件。

整个图形：则把当前的整个图形保存为图形文件；

对象：则把不属于图块的图形对象保存为图形文件。

◆ 【基点】选项组：确定图块的基点，默认值是（0，0，0），也可以在下面的X、Y、Z
文本框中输入块的基点坐标值。单击【拾取点】按钮，在当前图形中拾取插入基点。

◆ 【对象】选项组：用于选择制作图块的对象，以及设置图块对象的相关属性。

【快速选择】按钮：单击此按钮，弹出如图8-64所示的【快速选择】对话框，可以通过该对话框定义选择集。

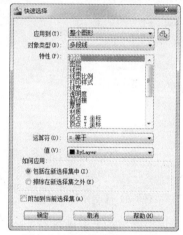

图 8-64 【快速选择】对话框

保留： 创建块以后，将选定对象保留在图形中作为区别对象

转换为块： 创建块以后，将选定对象转换成图形中的块实例。

从图形中删除：创建块以后，从图形中删除选定的对象。

◆ 【目标】选项组：用于指定图形文件的名称、保存路径和插入单位。

◆ 如果图块只在该图形中插入，可以通过【创建块】命令（block，快捷命令b）创建图块，执行此命令弹出如图8-65所示的【块定义】对话框。

图8-65 【块定义】对话框

◆ 【基点】选项组：确定图块的基点，默认值是（0，0，0），也可以在下面的X、Y、Z

文本框中输入块的基点坐标值。单击【拾取点】按钮🔖，在当前图形中拾取插入基点。

◆ 【对象】选项组：参照【写块】对话框中的选项说明。

◆ 【设置】选项组：指定从AutoCAD设计中心拖动图块时用于测量图块的单位，以及缩放、分解和超链接等设置。

块单位：指定块参照插入单位。

超链接：单击此按钮，弹出如图8-66所示的【插入超链接】对话框，可以通过该对话框将某个超链接与块定义相关联。

图8-66 【插入超链接】对话框

◆ 【方式】选项组：指定块的行为。

使块方向与布局匹配：指定在图纸空间中块参照的方向与布局方向匹配。

按统一比例缩放：指定是否阻止块参照不按统一比例缩放。

允许分解：指定块参照是否可以被分解。

◆ 【在块编辑器中打开】复选框：勾选此复选框，可以在块编辑器中定义动态块。

🔊 专业知识详解

［1］链轮简介

链轮产品是主要的基础传动零件，其传动特点就是在不影响速比的情况下进行远距离传输。相比而言，齿轮则是近距离传输，并且齿齿相交传动，速比相等。

链传动是一种具有中间挠性件的非共轭啮合传动，它兼有齿轮传动和带传动的一些特点。链轮和链条产品是机械传动的基础件，为确保啮合的互换性，链轮必须与相配用的链条一起制定标准。由于齿数与结构形式的不同，往往与同一规格的链条相配用的链轮有数百种之多，因此，长期以来，我国一直存在着各厂自行设计与制造链轮的局面。

随着链轮产品市场化、国际化进程的加快，链轮的分类也逐渐规范。从链轮产品的分类看，主要分为A系列（美标）和B系列（欧标）两大类。A系列是符合美国标准和日本标准的尺寸和规格，产品主要应用在美洲和亚洲市场；B系列是符合欧洲链条标准的尺寸规格，主要适用于欧洲市场。A系列和B系列又各分为片式、单边带凸台式、两边带凸台式三种形式。片式为A型，单边带凸台式为B型，两边带凸台式为C型。而A、B、C三种形式根据链条的不同又分为单排、双排、三排、四排等，根据链条的型号不同分为短节距精密滚子链链轮、长节距精密滚子链链轮、输送链链轮等。

随着我国经济的发展和市场对链传动机理认识的深化，链轮齿形的设计水平也在不断提高。我国一直沿用前苏联和欧洲的三圆弧—直线齿形，虽然传动性能较好，但设计和制造相对复杂。美国摩斯公司推出的采用30°压力角的渐开线齿形组成的链传动称为HV链传动，具有良好的高速传动性能。另一个显著的特点是CAD/CAM技术的应用，直接推动了链轮技术的发展。链轮绘图软件已进入市场，运用这些软件只要输入有关参数，如配用链条的相关尺寸、链轮结构形式、齿数等，即可很快地绘制出链轮工作图。再次，非圆链轮技术也得到了发展和应用，如变速自行车上称之为人机工程的驱动链轮，就是一种非圆链轮。这种链轮有助于减少自行车驱动链轮大拐处在垂直位置时对传动效率的不利影响，进而得到了广泛的推广应用。

【 2 】链轮制作参数

链轮是链传动中的重要零件，链轮齿形、节距等与链条相关尺寸加工是否正确，将直接关系到链条的使用寿命。因此，必须给予足够的重视。

链轮不比齿轮，只要给出齿数、排数和链的型号就可以了，因为链轮的齿型和其他一些重要尺寸等是被和它所配的链决定的，而不是链轮本身决定的。所以公式也就不那么重要了。

（1）链轮齿数z_1、z_2

链轮的齿数越少，瞬时链速变化越大，而且链轮直径也较小，当传递功率一定时，链和链轮轮齿的受力也会增加。为使传动平稳，小链轮齿数不宜过少；若齿数过多，会造成链轮尺寸过大，而且，当链条磨损后，也容易从链轮上脱落。滚子链传动的小链轮齿数z_1应根据链速v和传动比i确定，按$z_2=i\,z_1$选取大链轮的齿数，并控制$z_2\leqslant120$。

因链节数常取偶数，故链轮齿数最好取奇数，以使磨损均匀。

（2）链的节距p

链的节距p是决定链的工作能力、链及链轮尺寸的主要参数，正确选择p是链传动设计时要解决的主要问题。链的节距越大，承载能力越高，但其运动时的不均匀性和冲击就越严重。因此，在满足传递功率的情况下，应尽可能选用较小的节距，高速重载时可选用小节距多排链。

（3）传动比i

传动比受链轮最小齿数和最大齿数的限制，且传动尺寸也不能过大，因此传动比一般不大于6。传动比过大时，小链轮上的包角α_1将会太小，同时啮合的齿数也太少，会加速轮齿的磨损。因此，通常要求包角$\alpha_1\geqslant120°$。

（4）中心距a和链节数L_p

链的长度以链节数L_p（节距p的倍数）来表示。与带传动相似，链节数L_p与中心距a之间的关系为

$$L_p=\frac{L}{p}=2\frac{a}{p}+\frac{z_1+z_2}{2}+(\frac{z_2-z_1}{2\pi})^2\cdot\frac{p}{a}$$

其中，z_2为大链轮齿数，z_1为小链轮数，$z_2=iz_1$；z_2不宜过多，通常$z_2<120$；传动比i不宜大于7，一般推荐$i=2\sim3.5$。

链轮较常用的齿形是一种三圆弧—直线的齿形，如图8-67所示。图中，齿廓上的*a-a*、*a-b*、*c-d*线段为三段圆弧，半径依次为r_1、r_2和r_3；*b-c*线段为直线段。

图8-67　常用齿形

〔 3 〕常见链轮的形状与结构

通常，链轮由齿圈、轮毂和轮幅三部分组成。常见链轮形状有单片式单双排链轮、单凸缘式单双排链轮、双凸缘式单双排链轮三种。本例所介绍的链轮属于双排链轮。

链轮的结构有整体结构、焊接结构、铸造结构及锻造结构四种。

（1）整体结构

一般应用在标准链条$p=38.1$以下的单、双排和单、双凸缘链轮的加工。

（2）焊接结构

主要应用在中、大规格单、双凸缘链轮的加工。加工时，凸缘部分采用棒料车成凸形。齿圈部分可采用板材切割后加工外径与轴孔，孔一端车出焊接坡口，套入凸缘部分进行焊接。焊接时要两端焊，采用低氢焊条，如T506焊条等。

（3）铸造链轮

主要应用于大型链轮的加工，加工时只加工齿圈、凸缘两端面、外径和内径及键槽，然后再加工齿形。环链轮都是铸造的。铸造链轮的材料一般有两种，即铸铁和铸钢，如HT150、HT200和ZG310-570（ZG45）等。

（4）锻造链轮

主要应用于受力较大的中、大规格链轮的生产。锻造时，不管是单凸缘式或双凸缘式，一般都锻成凸形；轴孔留出足够的加工余量，材料利用率较低，成本高。

〔 4 〕链轮材料的选择

对于不需要热处理的片式链轮，可采用Q235、Q345（16Mn）或10钢、20钢制造。一般硬度在HB140以下，适于中速、中等功率、较大的链轮加工。要求热处理的链轮一般选用45钢、45钢锻造、45铸钢或40Cr钢加工，适用于受力较大的重要场合与高强度链条配套的主、从动链轮的加工。铸铁链轮主要应用在精度要求不高或外形复杂的链轮，如环链轮等。

〔 5 〕链轮设计与加工

（1）标准滚刀在滚齿机上生产

加工时，用户只需提供链轮齿数、节距和滚子直径即可生产。链轮设计按GB 1244—1985设计。非标准链轮在用户提供必要数据的基础上，要计算分度圆直径，公式如下：

$$d = \frac{p}{\sin \frac{180°}{z}} = p \cdot k$$

P——节距；k——齿数系数，可查表。

（2）链轮齿形加工

链轮加工最主要的是齿形加工。标准链条的链轮大部分在滚齿机上用滚刀加工，而大规格与非标链轮的加工方法由于受设备和刀具、数量的限制，各生产厂家的加工方法有所不同。目前，应用最广泛的仍然是成形法铣切链轮与范成法滚切链轮两种。滚子链链轮铣刀的齿形是按链轮齿槽形状设计的，为了节省刀具，通常按链轮齿数分组设计刀具，每一组按计算齿数设计齿形。

任务 2 绘制皮带轮

任务参考效果图

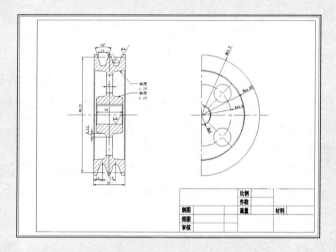

任务背景

本实例带传动中所用皮带轮，带传动通过中间挠性件（带）传递运动和动力，适用于两轴中心距较大的场合。带传动具有结构简单、成本低廉等优点，因此得到广泛的应用。带轮常用铸铁制造，有时也采用钢或非金属材料（塑料、木材）。铸铁带轮允许的最大圆周速度为25m/s。速度更高时可采用铸铁或钢板冲压后焊接。塑料带轮的重量轻，摩擦系数大，常用于机床中。

任务要求

本实例为绘制皮带轮，带轮基准直径较小时可采用实心式带轮，中等直径的带轮常采用腹板式带轮；直径大于350mm时，可采用轮辐式带轮。当采用轮辐式带轮时，轮辐的数目可根据带轮直径选取。

任务分析

本实例为皮带轮的绘制，制作思路：首先绘制中心线和辅助线，绘制左视图，接着进行主视图的绘制，主视图主要通过【圆】命令来绘制，最后对图形进行标注尺寸和形位公差。其中，标注粗糙度时要注意【块】命令的使用。

模块 09

设计制作齿轮类零件
——表格的运用

能力目标

1. 能利用【表格样式】命令创建表格样式
2. 能利用【表格】命令绘制表格并编辑表格

专业知识目标

1. 了解齿轮类零件的设计方法
2. 了解涡轮的画法

软件知识目标

1. 掌握【表格样式】命令的应用
2. 掌握【表格】命令的应用

课时安排

4课时（讲课2课时，练习2课时）

模拟制作任务

任务 1 绘制涡轮

任务参考效果图

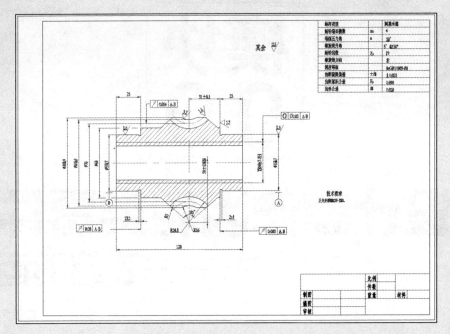

任务背景

本实例为制作涡轮零件图。涡轮为齿轮类零件，在传动中，涡杆和涡轮附组成用以传递空间交错轴间的运动和动力。这种传动传动比大、结构紧凑、啮合过程连续且传动平稳无噪声。缺点为材料（如青铜）成本较高。一般此传动用于传动比大而要求结构紧凑或自锁的场合。

任务要求

在机械设计制图中，涡轮是常用到的零件。本设计实例为某冶金机械中差速器上所用涡轮，工作时涡轮速度大于5m/s、载荷较大且需平稳传动。一般涡轮根据涡杆的形状不同，可分为圆柱涡轮、环面涡轮和锥涡轮三类。因本实例不仅尺寸较大而且工作时需承受轴向力且轴向力指向大端，所以本涡轮采用圆柱结构这也是应用最广泛的传动。相互啮合的两齿轮轴线正交，采用正常收缩齿，压力角$\alpha = 20°$，齿顶高系数$h^*_a = 1$，$C^* = 0.2$。

任务分析

涡轮零件图的绘制是机械图形中比较典型的实例，在本例中主要是利用【直线】命令绘制轮廓线，以及利用【标注】命令完成线性、角度等尺寸的标注来实现。本实例的制作思路：首先绘制中心线和辅助线，然后绘制轮廓线并绘制圆弧，接着镜像生成整个轮廓后进行剖面的绘制，最后对图形进行标注，并且利用【表格】命令来生成涡轮的加工参数表。

制作流程及难点

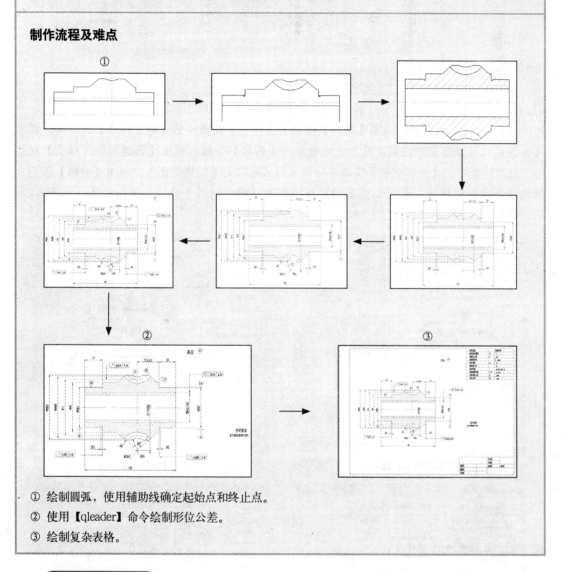

① 绘制圆弧，使用辅助线确定起始点和终止点。

② 使用【qleader】命令绘制形位公差。

③ 绘制复杂表格。

➡ 操作步骤详解

1. 绘图准备

（1）新建文件。单击菜单栏中的【文件】>【新建】命令，或单击快速访问工具栏中的【新建】命令 ，弹出【选择样板】对话框，在对话框中选择"A0-横"样板，单击【打开】按钮，建新图形。

（2）设置图层。单击【常用】选项卡【图层】面板中的【图层特性】命令 ，弹出【图层特性管理器】对话框，单击【新建图层】按钮 ，创建"中心线层"、"粗实线层"、"剖面线层"、"尺寸线层"、"文字层"和"细实线层"，如图9-1所示。

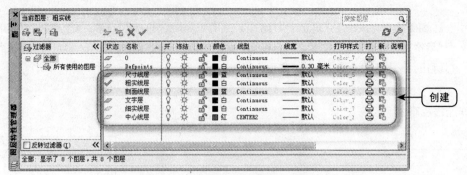

图9-1 【图层特性管理器】对话框

（3）设置标注样式。单击【常用】选项卡【注释】面板中的【标注样式】命令，弹出【标注样式管理器】对话框，在对话框中单击【新建】按钮，弹出【创建新标注样式】对话框，在对话框中的【新样式名】文本框中输入样式名称为"机械制图"，单击【继续】按钮，弹出【新建标注样式：机械制图】对话框，在对话框中对各个选项卡进行设置，如图9-2所示，设置完成后，单击【确定】按钮。

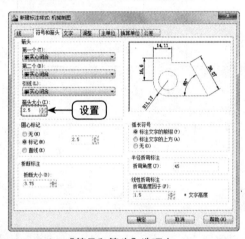

（a）【符号和箭头】选项卡

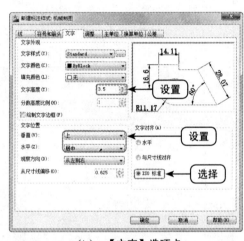

（b）【文字】选项卡

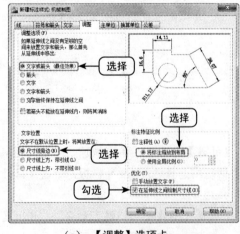

（c）【调整】选项卡

（d）【主单位】选项卡

图9-2 【新建标注样式：机械制图】对话框

（4）设置文字样式。单击【常用】选项卡【注释】面板中的【文字样式】命令 ，弹出【文字样式】对话框，在对话框中单击【新建】按钮，弹出【新建文字样式】对话框，在对话框中输入样式名为"机械制图"，单击【确定】按钮，返回到【文字样式】对话框，在"机械制图"样式中设置【字体】为"华文仿宋"、【字体样式】为"常规"、【高度】为"5.0000"、【宽度因子】为"0.7000"，单击【置为当前】按钮，将新创建的"机械制图"样式设置为当前文字样式，如图9-3所示。

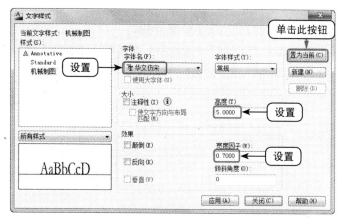

图9-3 设置文字样式

2．绘制主视图

（1）绘制中心线。将"中心线层"设置为当前层。在状态栏中单击【正交】按钮 或按【F8】键打开正交模式，单击【常用】选项卡【绘图】面板中的【直线】命令 ，在视图中适当位置绘制一条水平中心线和竖直中心线，结果如图9-4所示。

（2）偏移处理。单击【常用】选项卡【修改】面板中的【偏移】命令 ，将竖直中心线向左偏移，偏移距离为7.75mm、16.68 mm、28.6 mm、49mm和74mm；重复【偏移】命令，将竖直中心线向右偏移，偏移距离为7.75 mm、16.68 mm、28.6 mm、31mm和54mm；重复【偏移】命令，将水平中心线向上偏移，偏移距离分别为16.6 mm、20 mm、27.5 mm、34mm和44mm，并将除向上偏移27.5mm的线外的所有偏移得到的线均转换为轮廓线层，结果如图9-5所示。

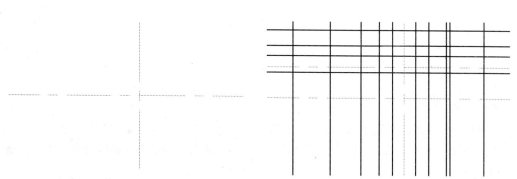

图9-4 绘制中心线   图9-5 偏移处理

（3）修整图形。单击【常用】选项卡【修改】面板中的【修剪】命令 和单击【常用】选项卡【修改】面板中的【删除】命令 ，修剪和删除多余的线段，如图9-6所示。

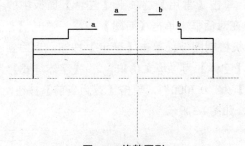

图9-6　修整图形

（4）绘制直线。单击【常用】选项卡【绘图】面板中的【直线】命令✎，连接绘制如图9-6中所示的a、a与b、b两条斜线，结果如图9-7所示。

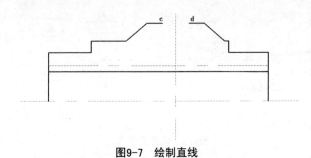

图9-7　绘制直线

（5）绘制圆弧。单击【常用】选项卡【绘图】面板中的【起点，端点，半径】命令⌒，如图9-8所示，以图9-7中所示的c点为起点，d点为端点，绘制一条半径为16mm的圆弧，结果如图9-9所示。

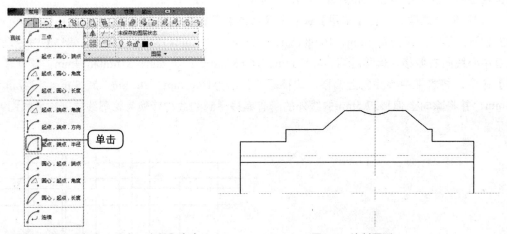

图9-8　单击【起点，端点，半径】命令　　　　图9-9　绘制圆弧

（6）偏移处理。单击【常用】选项卡【修改】面板中的【偏移】命令△，将上步绘制的圆弧向下偏移，偏移距离为4mm和8.8mm，并将偏移距离为4mm的圆弧转换为中心线层，结果如图9-10所示。

（7）延伸圆弧。单击【常用】选项卡【修改】面板中的【延伸】命令✓，将上步偏移的得到的圆弧两端延伸至两条斜线，并且利用夹点功能，将中心线圆弧向外延伸，结果如图9-11所示。

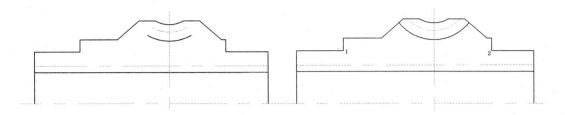

图9-10　偏移处理　　　　　　　　图9-11　延伸圆弧

（8）绘制斜线。单击【常用】选项卡【绘图】面板中的【矩形】命令口，以图9-11中的1点和2点为起点绘制两个矩形，矩形长为2mm、宽为1mm，结果如图9-12所示。

（9）修剪图形。单击【常用】选项卡【修改】面板中的【修剪】命令，修剪多余的线段，结果如图9-13所示。

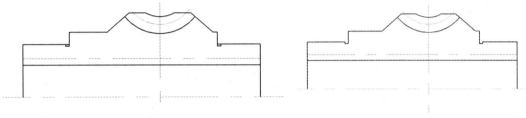

图9-12　绘制矩形　　　　　　　　图9-13　修剪图形

（10）镜像图形。单击【常用】选项卡【修改】面板中的【镜像】命令，将绘制的图形沿水平中心线进行镜像处理，结果如图9-14所示。

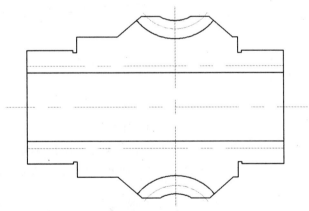

图 9-14　镜像图形

（11）填充图案。将"剖面线层"设置为当前图层，单击【常用】选项卡【绘图】面板中的【图案填充】命令，打开如图9-15所示的【图案填充创建】选项卡，在【图案】面板中选择"ANSI31"图例，在【特性】面板中设置比例为"2"，在视图中选取要填充的区域，按【Enter】键，完成图案填充，结果如图9-16所示。

图9-15　【图案填充创建】选项卡

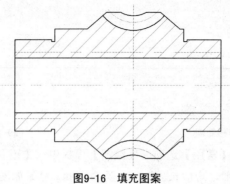

图9-16　填充图案

3．标注尺寸

（1）线性标注。单击【常用】选项卡【注释】面板中的【线性】命令□，对箱体中的线性尺寸进行标注，效果如图9-17所示。

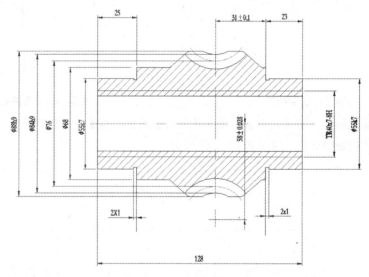

图9-17　线性标注

（2）半径、角度标注。分别单击【常用】选项卡【注释】面板中的【半径】命令◎和【角度】[①]命令△，如图9-18所示，对箱体进行半径和角度的标注，效果如图9-19所示。

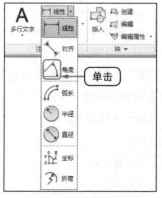

图9-18　单击【角度】命令

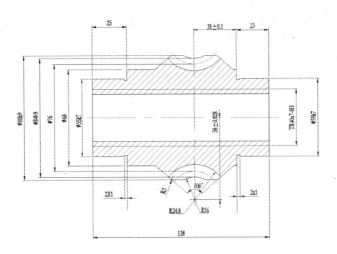

图9-19　半径、角度标注

（3）复制基准符号。单击【常用】选项卡【修改】面板中的【复制】命令🗈，将前面模块六中创建的基准符号复制到当前视图中，如图9-20所示。

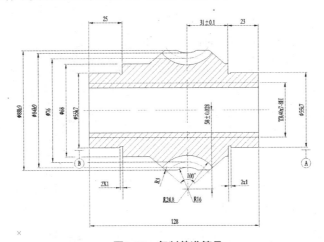

图9-20　复制基准符号

（4）标准形位公差。在命令行中输入【qleader】命令，标注形位公差，结果如图9-21所示。

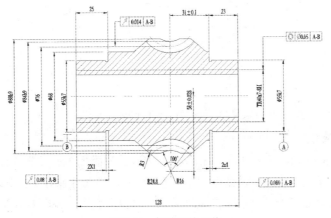

图9-21　标注形位公差

（5）标注粗糙度。单击【常用】选项卡【块】面板中的【插入】命令，弹出【插入】对话框，将模块八中创建的粗糙度符号块插入到当前视图中适当位置，并修改粗糙度值，如图9-22所示。

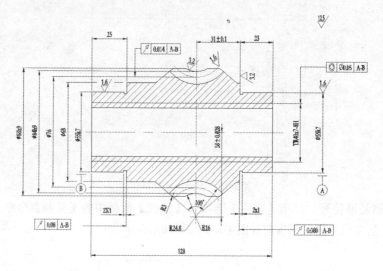

图9-22　标注粗糙度

（6）添加文字。单击【常用】选项卡【注释】面板中的【多行文字】命令，弹出【文字编辑器】选项卡，添加图中的文字，如图9-23所示。

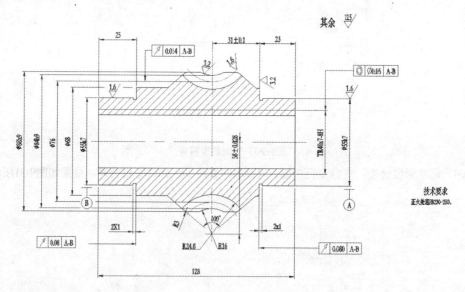

图9-23　添加文字

4．创建参数表格

（1）设置表格样式。单击【常用】选项卡【注释】面板中的【表格样式】[2]命令，如图9-24所示，弹出【表格样式】对话框，如图9-25所示。单击【新建】按钮，弹出【创建新的表格样式】对话框，在【新样式名】文本框中输入"参数表"，如图9-26所示。单击【继续】按钮，弹出【新建表格样式：参数表】对话框，在【单元样式】下拉列表框中选择"数据"选项，在【常规】选项卡的【特性】选项组中设置【对齐】样式为"正中"，如图9-27所示，切换至【文字】选项卡，在【文字】选项卡中设置文字高度为7。

图9-24 单击【表格样式】命令

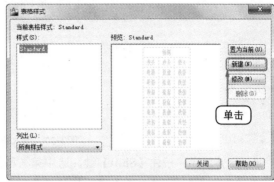

图9-25 【表格样式】对话框

图9-26 【创建新的表格样式】对话框

图9-27 【新建表格样式：参数表】对话框

（2）设置表格。单击【常用】选项卡【注释】面板中的【表格】[3]命令，如图9-28所示，弹出【插入表格】对话框，在【列和行设置】选项组中设置【列数】为"7"、【列宽】为"14"、【数据行数】为"10"、【行高】为"1"；在【设置单元样式】选项组中选择【第一行单元样式】、【第二行单元样式】和【所有其他行单元样式】都为"数据"，如图9-29所示。单击【确定】按钮，将表格放置到视图中适当位置，如图9-30所示。

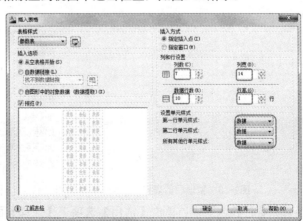

图9-29 【插入表格】对话框

图9-28 单击【表格】命令

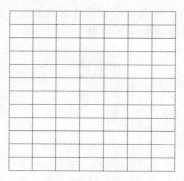

图9-30　插入表格

（3）合并单元。按住【Shift】键，选中第一行的前三列，弹出【表格单元】选项卡，单击【表格单元】[4]选项卡【合并】面板中的【合并单元】命令▦，如图9-31所示，选择的三个单元合并到一起，如图9-32所示。

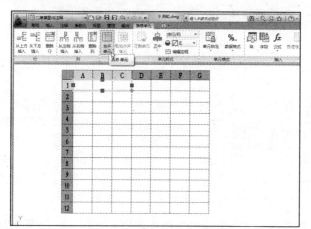

图9-31　【表格单元】选项卡

图9-32　合并表格

同理，重复【合并单元】命令，将表格修改成如图9-33所示的参数表格。

（4）填写参数。单击【常用】选项卡【注释】面板中的【多行文字】命令A，在表格中填写锥齿轮的参数，如图9-34所示。

图9-33　整理后的表格

涡杆类型		阿基米德
涡轮端面模数	m_t	4
端面压力角	a	20°
螺旋线升角		5° 42'38"
涡轮齿数	Z_2	19
螺旋线方向		右
精度等级		8eGB10089-88
齿距极限偏差	$\pm f_{pt}$	±0.025
齿距累积公差	F_p	0.090
齿形公差	f_{t2}	0.020

图9-34　锥齿轮参数表

（5）标注技术要求。单击【常用】选项卡【注释】面板中的【多行文字】命令A，标注技术要求，如图9-35所示。最终结果如图9-36所示。

图9-35　标注技术要求

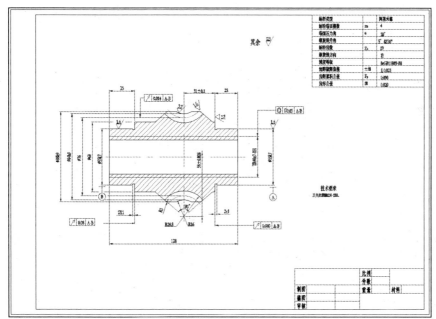

图9-36　最终结果

知识点拓展

〔1〕角度（dimangular，快捷命令dan）

执行此命令，命令行提示如下。

选择圆弧、圆、直线或＜指定顶点＞：

选择第二条直线：

指定标注弧线位置或［多行文字（M）/文字（T）/角度（A）/象限点（Q）］：

选项说明如下。

◆ 选择圆弧：标注圆弧的中心角。

◆ 选择圆：标注圆上某段圆弧的中心角。

◆ 选择直线：标注两条直线间的夹角。

◆ 指定顶点：为指定的三点标注出角度。

◆ 指定标注弧线位置：指定点定位尺寸线并且确定绘制延伸线的方向。

◆ 多行文字：选择此项，弹出【文本编辑器】选项卡，编辑和标注文字。

◆ 文字：在命令行提示下输入或编辑尺寸文本。

◆ 角度：设置标注文字的倾斜角度。

◆ 象限点：指定标注应锁定到的象限。打开象限行为后，将标注文字放置在角度标注外时，尺寸线会延伸超过延伸线。角度标注可以测量指定的象限点，该象限点是在直线或圆弧的端点、圆心或两个顶点之间对角度进行标注时形成的。创建角度标注时，可以测量四个可能的角度。通过指定象限点，使用户可以确保标注正确的角度。指定象限点后，放置角度标注时，用户可以将标注文字放置在标注的尺寸延伸线之外，尺寸线将自动延长。

〔 2 〕表格样式（tablestyle）

执行此命令，弹出如图9-37所示的【表格样式】对话框。

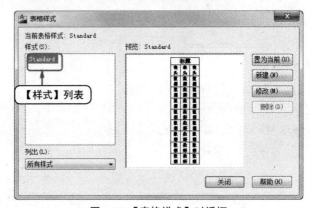

图9-37 【表格样式】对话框

【表格样式】对话框的选项说明如下。

◆ 当前表格样式：显示应用于所创建表格的表格样式的名称。默认表格样式为Standard。

◆ 【样式】列表：显示表格样式列表框，当前样式被亮显。

◆ 【置为当前】按钮：将【样式】列表框中选定的表格样式设置为当前样式。所有新表格都将使用此表格样式创建。

◆ 【新建】按钮：单击此按钮，弹出如图9-38所示的【创建新的表格样式】对话框，在该对话框中可以定义新的表格样式。

图9-38 【创建新的表格样式】对话框

◆ 【修改】按钮：单击此按钮，可弹出【修改表格样式：standard】对话框，在该对话框中可以修改表格样式。

【创建新的表格样式】对话框中的选项说明如下。

◆ 新样式名：输入新的表格样式名称。
◆ 基础样式：在该下拉列表框中指定一种现有的样式作为新表格样式默认设置的表格样式。
◆ 【继续】按钮：单击此按钮，弹出如图9-39所示的【新建表格样式：standard副本】对话框。

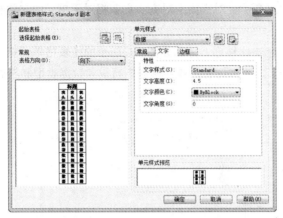

图9-39 【新建表格样式：standard副本】对话框

【新建表格样式：standard副本】对话框中的选项说明如下。

◆ 【起始表格】选项组：在图形中指定一个表格用作样例来设置此表格样式的格式。
◆ 【表格方向】：设置表格方向。"向下"选项将创建由上而下读取的表格；"向上"选项将创建由下而上读取的表格。
◆ 【单元样式】：定义新的单元样式或修改现有单元样式。
◆ 【创建新单元样式】按钮 ：单击此按钮，弹出如图9-40所示的【创建新单元样式】对话框，可在其中创建新的单元。

图9-40 【创建新单元样式】对话框

◆ 【管理单元样式】按钮 ：单击此按钮，弹出如图9-41所示的【管理单元样式】对话框，可通过该对话框管理单元格式，也可以通过该对话框中的【新建】按钮，来创建新的单元样式。

图9-41 【管理单元样式】对话框

◆ 【常规】选项卡：设置数据单元、单元文字和单元边界的外观。

特性：设置单元的特性。

填充颜色：在其下拉列表中设置单元的背景色。

对齐：在其下拉列表设置表格单元中文字的对正和对齐方式。文字相对于单元的顶部边框和底部边框进行居中对齐、上对齐或下对齐。文字相对于单元的左边框和右边框进行居中对正、左对正或右对正。

【格式】按钮 ：单击此按钮，弹出如图9-42所示的【表格单元格式】对话框。利用该对话框为表格中的"数据"、"列标题"或"标题"行设置数据类型和格式。

图9-42 【表格单元格式】对话框

类型：单元样式指定为标签或数据。

页边距：设置单元边界和单元内容之间的间距。

水平：设置单元中的文字或块与左右单元边界之间的距离。

垂直：单元中的文字或块与上下单元边界之间的距离。

创建行/列时合并单元：前单元样式创建的所有新行或新列合并为一个单元。

◆ 【文字】选项卡：设置文字的各个特性，如图9-43所示。

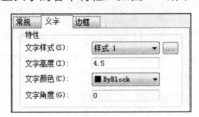

图9-43 【文字】选项卡

文字样式：从其下拉列表框中选择样式。也可以单击按钮 ，从弹出的【文字样式】对话框中创建和修改文字样式。

文字高度：设置文字高度。数据和列标题单元的默认文字高度为 0.1800，表标题的默认文字高度为0.25。

文字颜色：在其下拉列表框中设置文字颜色。

文字角度：设置文字角度，默认角度为0。

◆ 【边框】选项卡：设置边框的各种特性，如图9-44所示。

图9-44 【边框】选项卡

线宽：在其下拉列表框中选择和设置边框的线宽。

线型：在其下拉列表框中选择和设置边框的线型。

颜色：在其下拉列表框中选择和设置边框的颜色。

双线：勾选此复选框，表格边框显示为双线。

间距：设置双线边界的间距。

边界按钮：设置单元边框的外观。

〖 3 〗表格（table）

执行此命令，弹出如图9-45所示的【插入表格】对话框。

图9-45 【插入表格】对话框

◆ 【表格样式】选项组：在其下拉列表框中选择已有的表格样式，也可以通过单击按钮，在弹出的【表格样式】对话框中创建和修改表格样式。

◆ 【插入选项】选项组：设置插入表格的方式。

从空表格开始：创建可以手动填充数据的空表格。

自数据链接：从外部电子表格中的数据创建表格。单击按钮，在弹出的【选择数据链接】对话框中可将数据从在 Microsoft Excel 中创建的电子表格链接至图形中的表格。

自图形中的对象数据（数据提取）：选择此单选按钮，单击【确定】按钮，弹出【数据提取】对话框，启动数据提取向导。

◆ 【插入方式】选项组：设置表格位置。

指定插入点：指定表左上角的位置。可以使用定点设备，也可以在命令行输入坐标值。如果在【表格样式】对话框中将表格的方向设置为由下而上读取，则插入点位于表格的左下角。

指定窗口：指定表格的大小和位置。可以使用定点设备，也可以在命令行输入坐标值。选择该单选按钮，列数、列宽、数据行数和行高取决于窗口的大小以及列和行的设置情况。

列和行设置：用于指定列和行的数目以及列宽与行高。

◆ 【设置单元样式】选项组：设置新单元样式行的单元格式。

第一行单元样式：指定表格中第一行的单元样式。默认情况下为"标题"单元样式。

第二行单元样式：指定表格中第二行的单元样式。默认情况下为"表头"单元样式。

所有其他行单元样式：指定表格中所有其他行的单元样式。默认情况下为"数据"单元样式。

[4] 【表格单元】选项卡

该选项卡如图9-46所示。

图9-46 【表格单元】选项卡

选项说明如下。

◆ 【行】面板

从上方插入：在当前选定单元或行的上方插入行。

从下方插入：在当前选定单元或行的下方插入行。

删除行：删除选定的行。

◆ 【列】面板

从左侧插入：在当前选定单元或行的左侧插入列。

从右侧插入：在当前选定单元或行的右侧插入列。

删除列：删除选定的列。

◆ 【合并】面板

合并单元：将选定单元合并成一个大单元。

按行合并：将选定单元合并成行。

按列合并：将选定单元合并成列。

取消合并单元：对之前合并的单元取消合并。

◆ 【单元样式】面板

匹配单元：将选定表格单元的特性应用到其他表格单元。

单元样式：列出包含在当前表格样式中的所有单元样式。单元样式标题、表头和数据通常包含在任意表格样式中且无法删除或重命名。

对齐：对单元内的内容指定对齐方式。

单元边框：设置选定表格单元边框的特性。

单元背景颜色：设置背景颜色。

◆ 【单元格式】面板

单元锁定：锁定单元内容和/或格式（无法进行编辑）或对其解锁。

数据格式：显示数据类型列表，包括"角度"、"日期"、"十进制数"等，从而可以设置表格行的格式。

◆ 【插入】面板

块：单击此按钮，弹出【插入】对话框，从该对话框中将块插入当前选定的表格单元中。

字段：单击此按钮，弹出【字段】对话框，将字段插入当前选定的表格单元中。

公式：将公式插入当前选定的表格单元中。公式必须以等号开始。

管理单元内容：更改单元内容的次序以及单元内容的显示方向。

◆ 【数据】面板

链接单元：单击此按钮，可以从弹出的【选择数据链接】对话框中将数据从在 Microsoft Excel 中创建的电子表格链接至图形中的表格。

从源下载：更新由已建立的数据链接中的已更改数据参照的表格单元中的数据。

专业知识详解

齿轮是能互相啮合的有齿的机械零件，它在机械传动及整个机械领域中的应用极其广泛。现代齿轮技术已达到：齿轮模数为0.004mm～100mm；齿轮直径为1mm～150m；传递功率可达十万千瓦；转速可达十万转/分；最高的圆周速度达300m/s。

〔 1 〕 渐开线标准齿轮的基本参数

（1）齿数z

齿轮整个圆周上轮齿的总数称为齿轮的齿数，用z表示。

（2）分度圆模数m

因分度圆的周长$= \pi d = z p$，可得$d = z \dfrac{p}{\pi}$。为了便于计算、制造和检验，现将比值$\dfrac{p}{\pi}$人为地规定为一些简单的数值，并把这个比值叫做模数，以m表示，其单位为mm。即$m = \dfrac{p}{\pi}$；$d = mz$。

（3）分度圆压力角α

分度圆压力角是指齿轮压力角，以α表示，分度圆压力角已经规定为标准值：$\alpha = 20°$，在某些场合也有采用14.5°、15°、22.50°及25°等情况。

于是有$\alpha = \arccos(r_b/r)$或$r_b = r\cos \alpha$。

（4）齿顶高系数h_a^*

因为齿顶高$h_a = h_a^*$（m），所以称h_a^*为齿顶高系数。

标准齿制：$h_a^* = 1$；短齿制：$h_a^* = 0.8$。

（5）顶隙系数c^*

齿根高$h_f = (h_a^* + c^*)m$，其中，c^*为顶隙系数。

标准齿制：$c^* = 0.25$；短齿制：$c^* = 0.3$。

〔 2 〕 齿顶高系数、顶隙系数

两齿轮啮合时，总是一个齿轮的齿顶进入另一个齿轮的齿根，为了防止热膨胀顶死和具有储成润滑油的空间，要求齿根高大于齿顶高。为此引入了齿顶高系数和顶隙系数。

〖 3 〗模数

模数是指相邻两轮齿同侧齿廓间的齿距t与圆周率π的比值，即$m=t/\pi$，以mm为单位。模数是模数制轮齿的一个最基本参数，可以理解为一个齿轮上的每一个齿在它的分度圆上所占有的长度。模数大，齿占有的长度就长；模数小，齿占有的长度就短。

数值上，模数=分度圆/齿数（$m=d/z$），表明了齿轮轮齿的大小。模数的大小由强度计算或结构设计确定。一般按轮齿弯曲强度确定，同时保证小齿轮较合理的齿数。模数m是标准值，一对模数相同的齿轮才能正确啮合。一般地说，模数是不需要算的，可以利用公式"齿轮外径/（齿数+2）"算出模数。模数越大，轮齿越高也越厚；如果齿轮的齿数一定，则轮的径向尺寸也越大。模数系列标准是根据设计、制造和检验等要求制订的。

对于具有非直齿的齿轮，模数有法向模数（m_n）、端面模数（m_s）与轴向模数（m_x）的区别，它们都是各自的齿距（法向齿距、端面齿距与轴向齿距）与圆周率的比值，也都以mm为单位。对于锥齿轮，模数有大端模数（m_e）、平均模数（m_m）和小端模数（m_1）之分。对于刀具，则有相应的刀具模数（m_o）等。本例介绍的是锥齿轮，也叫伞齿轮。

〖 4 〗齿轮设计标准

在锥齿轮领域有两个标准是应该也是必须了解的，即格里森制和埃尼姆斯制。

格里森制是美国格里森公司对锥齿轮设计推行的制式，基本齿形角有14.5°、16°、20°、22.5°和25° 5种，齿顶高系数为0.85，齿顶隙系数为0.188，工作齿高为1.700m，全齿高为1.888m。

埃尼姆斯是前苏联中央齿轮机床研究所的简称，专门从事齿轮机床的研究和制造。20世纪50年代，我国进口的齿轮制造设备多是他们的产品。该研究所推出的锥齿轮设计制式称为埃尼姆斯制。其基本齿形角有20°和25°两类，齿顶高系数为0.82，齿顶隙系数为0.2，工作齿高为1.64m，全齿高为1.84m。

高度变位系数和切向变位系数的选择，都是由传动比决定的。格里森制和埃尼姆斯制的锥齿轮副都是收缩齿，但二者又有不同。由埃尼姆斯制锥齿轮副的几何计算中可知，其小轮面锥角=小轮分锥角+小轮齿顶角，大轮面锥角=大轮分锥角+大轮齿顶角，所以一个锥齿轮副中，其大小轮的面锥母线、分锥母线和根锥母线六条母线交会于一点，这一点称为锥顶。齿轮副啮合时，小轮齿顶与大轮齿根、大轮齿顶与小轮齿根的齿顶间隙量从大端到小端也是成比例收缩的。所以埃尼姆斯制的收缩称为标准收缩。

格里森制的几何计算中，小轮面锥角=小轮分锥角+大轮齿根角，大轮面锥角=大轮分锥角+小轮齿根角，所以该锥齿轮副中只有大、小轮的分锥母线和根锥母线四条母线交会于锥顶。小轮面锥母线与大轮根锥母线平行，而大轮面锥母线与小轮根锥母线平行，这样小轮齿顶与大轮齿根、大轮齿顶与小轮齿根的齿顶间隙量从大端到小端都是相等的。所以格里森制收缩齿称为等顶隙收缩。

〖 5 〗分类

锥齿轮及准双曲面齿轮分别为相交轴及交错轴的齿轮传动类型。但是根据其齿长曲线特点、齿高形式以及加工方法等有各种分类方式。由于齿长曲线对于传动性能关系重大，而且要用特定的加工方法，故一般按齿长曲线分为如下几类。

①直齿锥齿轮：轮齿齿长方向为直线，而且其延伸线交于分锥顶点、收缩齿；可用刨齿机、圆拉法加工，也可精锻成形；一般用在低速轻载工况下，也可用于低速重载。

②斜齿锥齿轮：齿长方向为直线，但其延长线不与轴线相交，而是与一圆相切。

③曲线齿锥齿轮：曲线齿锥齿轮又分为格里森制和奥利康制，也可称为圆弧制及摆线制。

目前，曲线齿锥齿轮应用最多，因其具有承载能力高、噪声低、传动平稳等优点，已广泛应用在航空、航海及汽车行业。

[6] 材料及热处理

双曲面齿轮用的材料应有足够的机械性能、低的成本及良好的工艺性能，目前汽车锥齿轮几乎全部采用渗碳钢。为了提高齿轮的精度，降低齿轮噪声，应选用变形小的材料。另外，钢材的机械加工性在成批生产齿轮时尤为重要，它对齿轮的光洁度、加工残余应力、切削效率及刀具寿命均有直接影响，建议选用20CrMoH、22CrMoH等材料。

齿轮生产中的热处理采用渗碳、淬火、回火工艺。渗碳层太薄时，容易产生表层剥落及压陷，影响齿轮的抗弯疲劳强度；层太厚时，渗碳层的表面残余应力减小，表层金相组织恶化；其深度应根据齿轮的模数或齿宽的大小、齿轮载荷的大小进行选取，一般层深取分度圆齿厚的$1/6 \sim 1/5$。渗碳层的表面硬度通常取HRC58～63。齿轮的心部硬度较低时，受载后易产生心部过渡层的塑性变形，使渗碳层过载，出现层深剥落及点蚀，并降低齿轮的抗弯强度。故应保证齿轮轮齿有足够的心部强度，通常，心部硬度取HRC33～48。

任务 2　绘制圆柱齿轮

任务参考效果图

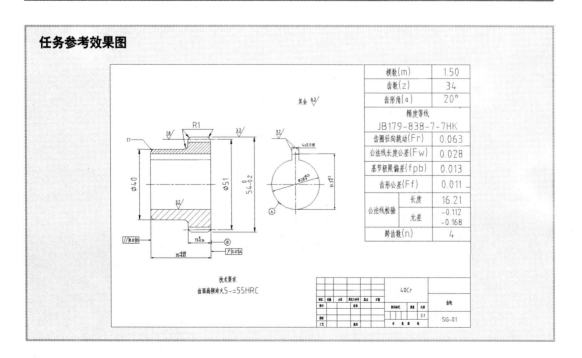

任务背景

齿轮是一种圆柱形（圆盘形）或截圆锥形的机件，外缘有若干凸起的"齿"。在使用时，以一对齿轮相互啮合，即甲轮的齿嵌入乙轮上两齿之间的缝隙中，而甲轮旋转时其齿就牵动乙轮的齿，依次来传递动力或变更转速。齿轮本身必须经过铸制、锻制或熔接等过程，齿一般由切削制成。

任务要求

本实例为一个圆柱齿轮的零件图。它的内容包括一组视图，由全剖视的主视图和轮孔的局部视图；一组完整的尺寸；必要的技术要求，如本例中的尺寸公差 $\phi 540° -0.2$、表面粗糙度、形位公差、热处理和制造齿轮所需要的基本参数（本例右上角部分）。

任务分析

本实例主要将运用到【偏移】和【镜像】命令。本实例的制作思路：首先绘制中心线作为定位线，偏移生成其余的直线，之后运用【镜像】命令，然后再绘制局部视图，最后对图形进行标注，并且利用【表格】命令来生成锥齿轮的加工参数表。

模块 10

设计制作管件类零件
——参数化绘图

能力目标
1. 能利用几何约束命令对图形进行几何约束
2. 能利用尺寸约束命令对图形进行尺寸约束

专业知识目标
1. 了解三通零件的设计方法
2. 了解三通零件图的画法

软件知识目标
1. 掌握【几何约束】命令的应用
2. 掌握【尺寸约束】命令的应用

课时安排
4课时（讲课2课时，练习2课时）

模拟制作任务

任务 1 绘制三通管零件图

任务参考效果图

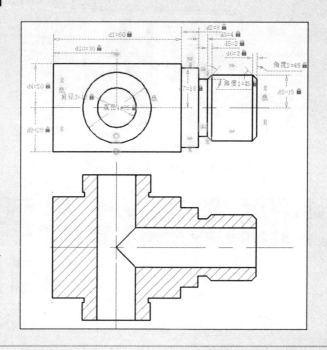

任务背景

三通管接头广泛应用于石油化工、煤气运输等行业中，属于管道类零件。管道类组件由连接或装配成管道的元件组成，包括管子、管件、坚固件、阀门以及管道特殊件等。管道用以输送、分配、混合、分离、排放、计量或控制流体流动，主要用于两个或多个设备之间的连接。

任务要求

本案例三通零件为给水铸铁管件，为双承三通。 三通的内孔直径相同。采用铸造生成毛坯，然后钻孔和车削加工。首先需钻φ18的通孔，然后是右端的非通孔。外表面为车削生成。为了便于三通管配合的零件的装拆，将三通做成阶梯形，三通的三个接头外表面均有退刀槽，以便于后期使用中可以攻螺纹用。

任务分析

三通零件图的绘制过程是AutoCAD 2011新功能的体现，在绘制此图形的过程中运用到了形状约束与尺寸约束，并且通过尺寸的驱动来得到需要的图形。本实例的制作思路：首先绘制外轮廓，并且通过尺寸约束来生成精确图形，然后再镜像并且连接端点生成主视图，最后绘制全剖的俯视图。

制作流程及难点

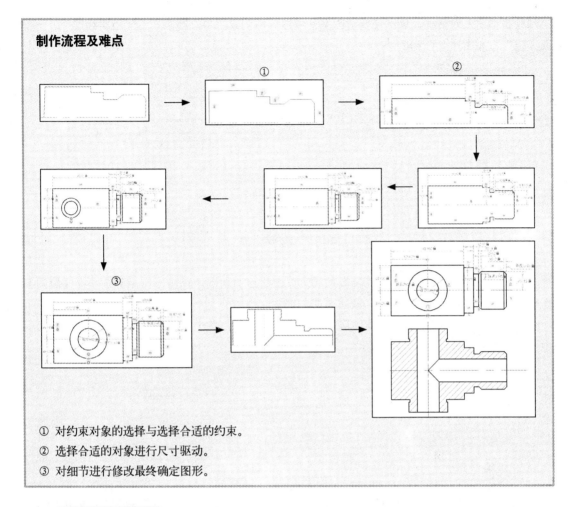

① 对约束对象的选择与选择合适的约束。

② 选择合适的对象进行尺寸驱动。

③ 对细节进行修改最终确定图形。

操作步骤详解

1．绘图准备

（1）新建文件。单击菜单栏中的【文件】＞【新建】命令，或单击快速访问工具栏中的【新建】命令□，弹出【选择样板】对话框，在对话框中选择"▣acadiso.dwt"样板，单击【打开】按钮，创建新图形，如图10-1所示。

图10-1 【选择样板】对话框

（2）设置图层。单击【常用】选项卡【图层】面板中的【图层特性】命令▣，弹出【图层特性管理器】对话框，单击【新建图层】按钮，创建"中心线层"、"粗实线层"、"剖面线层"，如图10-2所示。

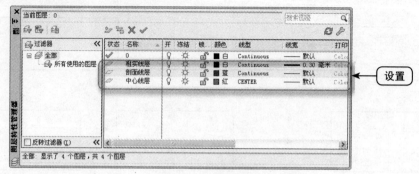

图10-2　图层的设置

2．绘制主视图

（1）绘制水平中心线。将"中心线层"设定为当前图层，单击【常用】选项卡【绘图】面板中的【直线】命令，绘制一条水平中心线。

（2）绘制轮廓线。将"粗实线层"设定为当前图层，单击【常用】选项卡【绘图】面板中的【多段线】命令，绘制轮廓线，如图10-3所示。

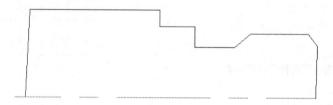

图10-3　绘制轮廓线

（3）水平约束。单击【参数化】选项卡【几何】[①]面板中的【水平】命令，如图10-4所示，当鼠标变成□‾时，对水平直线进行约束，如图10-5所示。

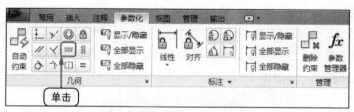

图10-4　单击【水平】命令

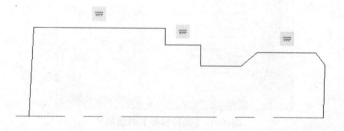

图10-5　水平约束

命令行操作与提示如下。

> 命令：GeomConstraint
>
> 输入约束类型
>
> [水平(H)/竖直(V)/垂直(P)/平行(PA)/相切(T)/平滑(SM)/重合(C)/同心(CON)/共线(COL)/对称(S)/相等(E)/固定(F)] <竖直>:Horizontal
>
> 选择对象或 [两点(2P)] <两点>:（在视图中拾取水平直线）

（4）竖直约束。单击【参数化】选项卡【几何】面板中的【竖直】命令 ，如图10-6所示，当鼠标变成 时，对竖直直线进行约束，如图10-7所示。

图10-6　单击【竖直】命令

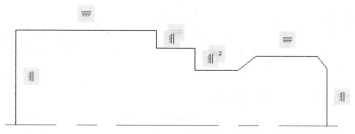

图10-7　竖直约束

命令行操作与提示如下。

> 命令：GeomConstraint
>
> 输入约束类型
>
> [水平(H)/竖直(V)/垂直(P)/平行(PA)/相切(T)/平滑(SM)/重合(C)/同心(CON)/共线(COL)/对称(S)/相等(E)/固定(F)] <竖直>:Vertical
>
> 选择对象或 [两点(2P)] <两点>:

（5）标注水平尺寸。单击【参数化】选项卡【标注】[②]面板中的【水平】命令 ，如图10-8所示，当鼠标变成 时，标注水平尺寸。

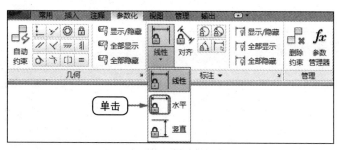

图10-8　单击【水平】命令

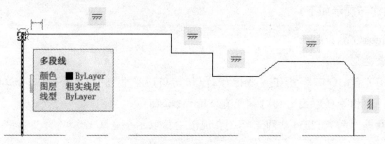

图10-9　拾取第一个点

命令行操作与提示如下。

命令: DimConstraint

当前设置:　约束形式 = 动态

选择要转换的关联标注或　[线性(LI)/水平(H)/竖直(V)/对齐(A)/角度(AN)/半径(R)/直径(D)/形式(F)] <线性>:Horizontal

指定第一个约束点或 [对象(O)] <对象>:（捕捉水平直线的第一端点，如图10-9所示）

指定第二个约束点:（捕捉水平直线的另一端点，如图10-10所示）

指定尺寸线位置:

标注文字 = 44.1414

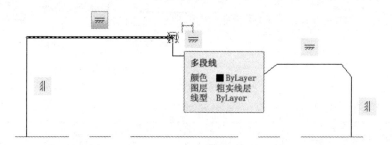

图10-10　拾取第二个点

此时弹出尺寸框，如图10-11所示，在尺寸框中输入尺寸值为"60"，如图10-12所示，按【Enter】键，修改第一段尺寸值，结果如图10-13所示。同理，标注并修改其他水平尺寸，如图10-14所示。

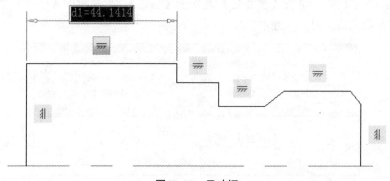

图10-11　尺寸框

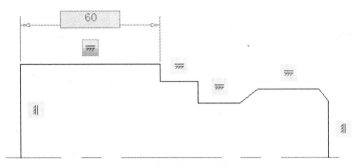

图10-12　输入尺寸值

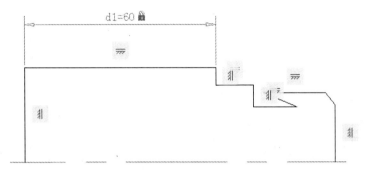

图10-13　修改尺寸

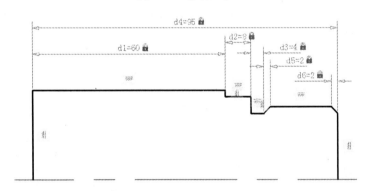

图10-14　修改尺寸

（6）标注角度尺寸。单击【参数化】选项卡【标注】面板中的【角度】命令，如图10-15所示，当鼠标变成时，标注角度尺寸。

图10-15　单击【角度】命令

命令行操作与提示如下。

命令: DimConstraint

当前设置：　约束形式 ＝ 动态

选择要转换的关联标注或 ［线性(LI)/水平(H)/竖直(V)/对齐(A)/角度(AN)/半径(R)/直径(D)/形式(F)］ ＜水平＞: Angular

选择第一条直线或圆弧或 ［三点(3P)］ ＜三点＞:（拾取斜直线）

选择第二条直线:（拾取水平直线）

指定尺寸线位置:

标注文字 ＝ 65

修改尺寸值为45，结果如图10-16所示。同理，标注并修改其他水平尺寸，如图10-17所示。

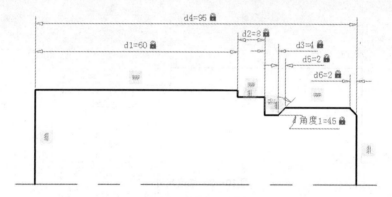

图10-16　修改角度尺寸

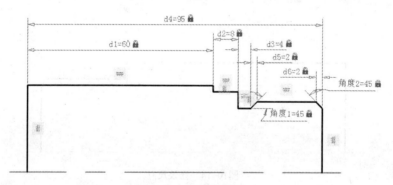

图10-17　角度尺寸约束

在绘制过程中可以使用【参数化】选项卡【管理】[3]面板对已经添加的约束和标注进行管理。

（7）固定约束。单击【参数化】选项卡【几何】面板中的【固定】命令，如图10-18所示，鼠标变成，对多段线的两个端点进行固定约束。

图10-18　单击【固定】命令

命令行操作与提示如下。

命令: GeomConstraint
输入约束类型
[水平(H)/竖直(V)/垂直(P)/平行(PA)/相切(T)/平滑(SM)/重合(C)/同心(CON)/共线(COL)/对称(S)/相等(E)/固定(F)] <固定>:Fix
选择点或 [对象(O)] <对象>:(拾取多段线的端点)

结果如图10-19所示。

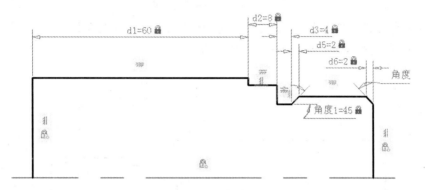

图10-19 固定约束

（8）标注竖直尺寸。单击【参数化】选项卡【标注】面板中的【竖直】命令，鼠标变成，如图10-20所示，标注竖直尺寸。

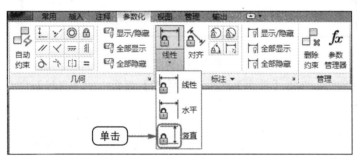

图10-20 单击【竖直】命令

命令行操作与提示如下。

命令: DimConstraint
当前设置: 约束形式 = 动态
选择要转换的关联标注或 [线性(LI)/水平(H)/竖直(V)/对齐(A)/角度(AN)/半径(R)/直径(D)/形式(F)] <竖直>:Vertical
指定第一个约束点或 [对象(O)] <对象>:
指定第二个约束点:
指定尺寸线位置:
标注文字 = 23.34

修改尺寸为20，同理完成其他竖直尺寸的标注和修改，如图所10-21示。

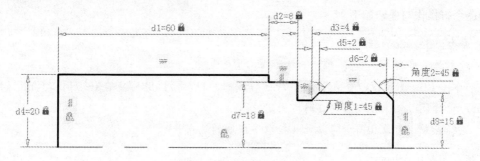

图10-21　竖直尺寸约束

（9）镜像处理。单击【常用】选项卡【修改】面板中的【镜像】命令▲，将视图中的图形沿水平中心线进行镜像处理，结果如图10-22所示。

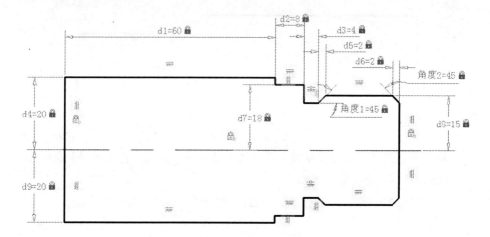

图10-22　镜像处理

（10）绘制轴线。单击【常用】选项卡【绘图】面板中的【直线】命令✐，连接各个轴端，如图10-23所示。

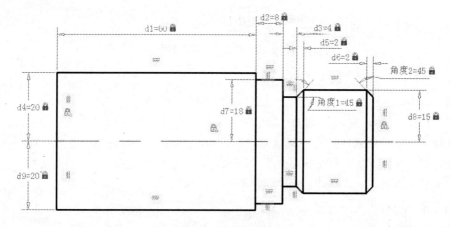

图10-23　绘制轴线

（11）绘制圆。单击【常用】选项卡【绘图】面板中的【圆】命令⊙，在视图中绘制两圆，结果如图10-24所示。

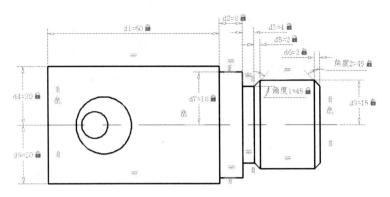

图10-24　绘制圆

（12）同心约束。单击【参数化】选项卡【约束】面板中的【同心】命令◎，如图10-25
所示，鼠标变为▢，对上步绘制的圆进行同心约束。

图10-25　单击【同心】命令

命令行提示和操作如下。

命令：GeomConstraint

输入约束类型

［水平(H)/竖直(V)/垂直(P)/平行(PA)/相切(T)/平滑(SM)/重合(C)/同心(CON)/共线
(COL)/对称(S)/相等(E)/固定(F)］

<重合>：Concentric

选择第一个对象：（拾取图10-24中的小圆）

选择第二个对象：（拾取图10-24中的大圆）

结果如图10-26所示。

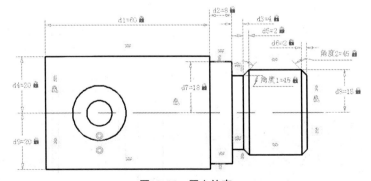

图10-26　同心约束

（13）水平尺寸约束。单击【参数化】选项卡【标注】面板中的【水平】命令，鼠标变
成▢，标注和修改圆的水平定位尺寸，结果如图10-27所示。

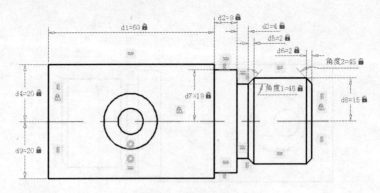

图10-27　水平尺寸约束

（14）标注径向尺寸。单击【参数化】选项卡【标注】面板中的【直径】命令，如图10-28所示，鼠标变成，标注直径尺寸。

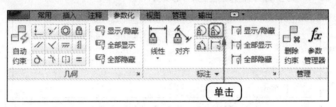

图10-28　单击【直径】命令

命令行提示和操作如下。

命令: DimConstraint
当前设置: 约束形式 = 动态
选择要转换的关联标注或 [线性(LI)/水平(H)/竖直(V)/对齐(A)/角度(AN)/半径(R)/直径(D)/形式(F)] <直径>:Diameter
选择圆弧或圆: (拾取大圆)
标注文字 = 18.44
指定尺寸线位置:

结果如图10-29所示。

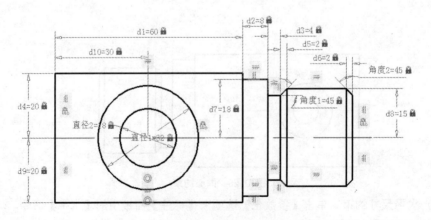

图10-29　直径尺寸约束

3．绘制俯视图

（1）绘制左视图中心线。将"中心线层"设置为当前层，单击【常用】选项卡【绘图】面板中的【直线】命令 ✎，绘制中心线，如图10-30所示。

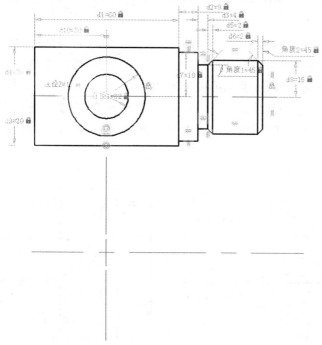

图10-30　绘制左视图中心线

（2）偏移处理。单击【常用】选项卡【修改】面板中的【偏移】命令 ✎，将水平中心线向上偏移，偏移距离分别为9mm、13mm、15mm、18mm、23mm 、25mm和33mm，将偏移后的直线转换到"粗实线层"，结果如图10-31所示。

（3）绘制直线。单击【常用】选项卡【绘图】面板中的【直线】命令 ✎，打开【对象捕捉】和【对象捕捉追踪】功能，对应主视图绘制俯视图中的竖直线，结果如图10-32所示。

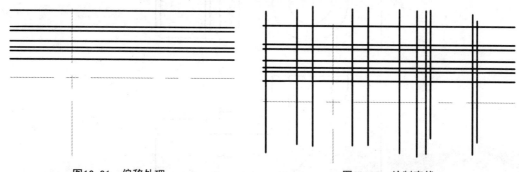

图10-31　偏移处理　　　　　　　　　　图10-32　绘制直线

（4）修剪图形。单击【常用】选项卡【修改】面板中的【修剪】命令 ✎，修剪多余线段，如图10-33所示。

（5）修剪处理。单击【常用】选项卡【绘图】面板中的【直线】命令 ✎，绘制斜线并删除多余的线段，结果如图10-34所示。

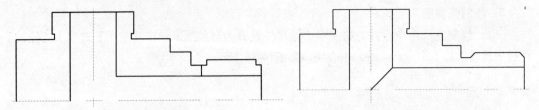

图10-33　修剪图形　　　　　　　　图10-34　绘制斜线并删除多余线段

（6）镜像处理。单击【常用】选项卡【修改】面板中的【镜像】命令▲，将视图中的图形沿水平中心线进行镜像处理，结果如图10-35所示。

（7）填充图案。将"剖面线层"设置为当前层，单击【常用】选项卡【绘图】面板中的【图案填充】命令▨，弹出【图案填充创建】选项卡，对图10-36所示的区域进行图形填充，结果如图10-37所示。

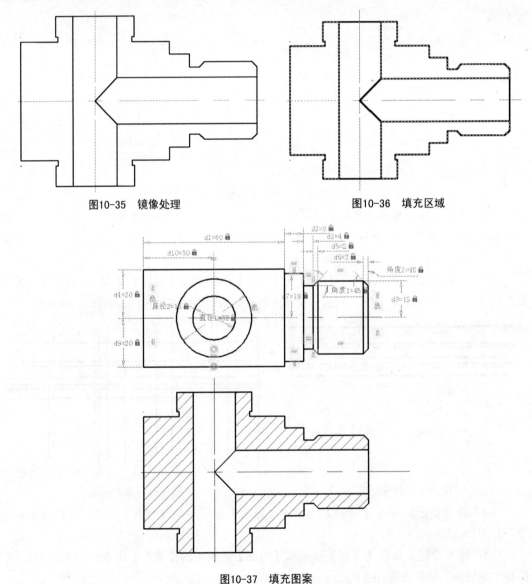

图10-35　镜像处理　　　　　　　　图10-36　填充区域

图10-37　填充图案

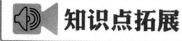知识点拓展

〔1〕【几何】面板

关于参数化的绘图命令均在【参数化】选项卡中，如图10-38所示。

图10-38 【参数化】选项卡

◆ 【自动约束】：根据对象相对于彼此的方向将几何约束应用于对象的选择集。可以通过【约束设置】对话框中的【自动约束】选项卡，在指定的公差集内将几何约束应用至几何图形的选择集，如图10-39所示。

图10-39 【自动约束】选项卡

约束类型：显示自动约束的类型以及优先级。可以通过单击【上移】和【下移】按钮调整优先级的先后顺序。单击✔图标符号选择或去掉某约束类型作为自动约束类型。

相切对象必须共用同一交点：指定两条曲线必须共用一个点（在距离公差内指定）应用相切约束。

垂直对象必须共用同一交点：指定直线必须相交或一条直线的端点必须与另一条直线或直线的端点重合（在距离公差内指定）。

【公差】选项组：设置可接受的"距离"和"角度"公差值，以确定是否可以应用约束。

◆ 【重合】：约束两个点使其重合，或约束一个点使其位于曲线（或曲线的延长线）上。可以使对象上的约束点与某个对象重合，也可以使其与另一对象上的约束点重合。使用有效的对象或点包括：直线、多段线子对象、圆、圆弧、多段圆弧、椭圆、样条曲线和两个有效约束点。

【共线】：使两条或多条直线段沿同一直线方向，使它们共线。使用有效的对象或点包

括：直线或多段线子对象。

【同心】◎：将两个圆弧、圆或椭圆约束到同一个中心点，结果与将重合约束应用于曲线的中心点所产生的效果相同。使用有效的对象或点包括圆、圆弧、多段圆弧或椭圆。

【固定】🔒：将几何约束应用于一对对象时，选择对象的顺序以及选择每个对象的点可能会影响对象彼此间的放置方式。如果将固定约束应用于对象上的点时，会将节点锁定在位。可以移动该对象。如果将固定约束应用于对象时，该对象将被锁定且无法移动。使用有效的对象或点包括直线、多段线子对象、圆弧、多段圆弧、圆、椭圆、样条曲线。

【平行】∥：使选定的直线位于彼此平行的位置，平行约束在两个对象之间应用。使用有效的对象或点包括直线和多段线子对象。

【垂直】⊻：使选定的直线位于彼此垂直的位置，垂直约束在两个对象之间应用。使用有效的对象或点包括直线和多段线子对象。

【水平】〓：使直线或点位于与当前坐标系X轴平行的位置，默认选择类型为对象。使用有效的对象或点包括直线、多段线子对象和两个有效约束点。

【竖直】‖：使直线或点位于与当前坐标系Y轴平行的位置。使用有效的对象或点包括直线、多段线子对象和两个有效约束点。

【相切】⌒：将两条曲线约束为保持彼此相切或其延长线保持彼此相切，相切约束在两个对象之间应用。使用有效的对象或点包括直线、多段线子对象、两个有效约束点、圆、圆弧、多段圆弧或椭圆和圆、圆弧或椭圆的组合。

【平滑】⌒：将样条曲线约束为连续，并与其他样条曲线、直线、圆弧或多段线保持连续性。使用有效的对象或点包括样条曲线、直线，多段线子对象和圆弧、多段圆弧。

【对称】⊕：使选定对象受对称约束，相对于选定直线对称。使用有效的对象或点包括直线、多段线子对象或圆、圆弧、多段圆弧、椭圆。

【相等】＝：将选定圆弧和圆的尺寸重新调整为半径相同，或将选定直线的尺寸重新调整为长度相同。使用有效的对象或点包括直线、多段线子对象或圆、圆弧、多段圆弧、椭圆。

【显示】▦：显示对象上的可用几何约束的工具栏。

【全部显示】▧：为所有对象显示约束栏，以及应用于它们的几何约束。

【全部隐藏】▧：为所有对象隐藏约束栏，以及应用于它们的几何约束。

【约束设置几何】：弹出【约束设置】对话框中的【几何】选项卡如图10-40所示。

约束栏显示设置：控制图形编辑器中是否为对象显示约束栏或约束点标记。

全部选择：选择全部几何约束类型。

全部清除：清除所有选定的几何约束类型。

仅为处于当前平面中的对象显示约束栏：仅为当前平面上受几何约束的对象显示约束栏。

约束栏透明度：设置图形中约束栏的透明度。

将约束应用于选定对象后显示约束栏：手动应用约束或使用【AUTOCONSTRAIN】命令时，显示相关约束栏。

图10-40 【几何】选项卡

对象的有效约束点如图表10-1所示。

表10-1 约束对象与约束点

对象	约束点
直线	端点、中点
圆弧	中心点、端点、中点
样条曲线	端点
椭圆、圆	中心
多段线	直线的端点、中点和圆弧子对象、圆弧子对象的中心点
块、外部参照、文字、多行文字、属性、表格	插入点

〔2〕【标注】面板

【线性】🖫：根据延伸线原点和尺寸线的位置创建水平、垂直或旋转约束。当选择直线或圆弧时，对象的端点之间的水平或垂直距离将受到约束。

【水平】🖫：约束对象上的点或不同对象上两个点之间的 X 距离。当选择直线或圆弧时，对象的端点之间的水平距离将受到约束。

【竖直】🖫：约束对象上的点或不同对象上两个点之间的 Y 距离。当选择直线或圆弧时，对象的端点之间的竖直距离将受到约束。

【对齐】🖄：约束对象上的两个点或不同对象上两个点之间的距离。当选择直线或圆弧时，对象的端点之间的距离将受到约束。当选择直线和约束点时，直线上的点与最近的点之间的距离将受到约束。当选择两条直线时，直线之间的距离将受到约束。

【半径】🖾：约束圆或圆弧的半径。

【直径】🖾：约束圆或圆弧的直径。

【角度】🖄：约束直线段或多段线段之间的角度、由圆弧或多段线圆弧段扫掠得到的角度，或对象上三个点之间的角度。当选择两条直线时，直线之间的角度将受到约束。初始值始终默认为小于 180°的值。当选择圆弧时，将创建一个三点角度约束。角顶点位于圆弧的中心，圆弧的角端点位于圆弧的端点处。

【转换】：设置创建的标注约束是动态约束还是注释性约束。

【显示动态约束】：显示或隐藏动态约束。

【约束设置标注】：弹出【约束设置】对话框中的【标注约束】选项卡，如图10-41所示。

图10-41 【标注】选项卡

标注约束格式：该选项组内可以设置标注名称格式和锁定图标的显示。

标注名称格式：为应用标注约束时显示的文字指定格式。将名称格式设置为显示名称、值或名称和表达式。

为注释性约束显示锁定图标：针对已应用注释性约束的对象显示锁定图标。

为选定对象显示隐藏的动态约束：显示选定时已设置为隐藏的动态约束。

〔3〕【管理】面板

【删除约束】：删除选定对象上的所有约束或者从选定的对象删除所有的几何约束和标注约束。

【参数管理】ƒx：单击此按钮，弹出如图10-42所示的【参数管理器】对话框。

图10-42 【参数管理器】对话框

【新建】按钮：创建新的用户参数。

【删除】按钮：删除选定的参数。

【过滤器】按钮：指定要应用于显示参数的过滤器类型。

专业知识详解

[1] 孔加工简介

三通零件最主要的特征是两个孔。我们在图纸上画两个孔很容易，但在车间加工时，对于有孔的零件，要先加工完孔再进行其他的机械加工操作。因为孔加工需要基准，其实，对于一个零件，先加工什么，后加工什么，每部分如何加工，这就是加工工艺。这里以一个三通的两个孔加工为例，介绍工厂里用铣床机械加工的工艺流程。

我们在学校学习机械制图或机械设计时接触的零件图都是已经加工完毕的成品件。零件在没有加工的时候是个什么样子呢？其实就是四四方方一块铁。这块方方的铁往往是设计师根据零件的尺寸留了余量并圆整后从外面订购回来的。留余量是因为实际的机械加工不是在图上画图，是不能达到理论上的丝毫不差的。这块方的铁根据生产的需要，有时三个相邻面的垂直度比较高，且长×宽×高方向的公差都能保证比较高，笔者从事大型汽车模具的设计时，长为1000mm时，其公差依然能保证在0～10丝（道）。这是属于造价比较高的精料。1mm=100丝/道，南方企业说"丝"较多，北方企业说"道"较多。以后我们也要习惯这种说法，机械行业内的一些习惯说法和经验从课本里是学不到的。

准备好材料只是第一步，我们还需要准备刀，就是钻头。比如例中的Φ18孔，我们应选一把Φ18的钻头，实际生产中我们需要最少选择三个钻头，Φ6、Φ12、Φ18，另外，还差一个打点的钻头。因为不在工件表面打个点，钻的时候往往会跑偏。这对于一些精度要求高的孔加工，如定位孔，不打点是不允许的。

有了刀，那么起刀的位置在哪儿，即孔的中心在哪儿？对于一些精度较低的螺钉过孔，可用划线器，根据图纸要求在工件表面画个十字，然后再打个点。但对于一些要求比较高的孔，就需要在机床上分中，然后用打点的钻头打中心孔。

起刀位置有了，用手拿着刀加工是非常危险的事情，是操作机床规程必须禁止的。我们应该把工件用马仔（将工件用螺钉锁到工作台上的工具）把零件固定在机床的工作台上。对于已经打好点的工件，直接将打的点对准钻头尖部将工件固定在工作台上就可以了。对于精度要求相对较高的孔往往必须借助百分表或千分表才能把工件完全固定。具体做法是：先将工件固定在工作台上，但不能太紧，以铜棒轻敲至可以移动为准；然后打表，将工件的两个边分别大致垂直于工作台的XY坐标轴。精度更高的时候用千分表，磁铁头吸到机头上，表针压在工件上，摇动工作台朝X轴或Y轴移动，看表针的变化，表针跳动过大就用铜锤轻轻敲打，如果表针最大跳动值不超过允许范围就可以夹紧工件了。然后就可以按照划线的位置或是别的要求加工。加工时要随时排铁屑，铁屑往往是把钻头卡死的主要原因，尤其是当孔要加工完毕时，就是孔要通的时候，最容易把钻头卡住。所以此时要注意回刀、排铁屑，进给量要小；否则钻头最容易崩断。

[2] 钻孔

用钻头在工件实体部位加工孔的操作称为钻孔。钻孔属粗加工，可达到的尺寸公差等级为IT13～IT11，表面粗糙度值为Ra50～12.5μm。由于麻花钻长度较长，钻芯直径小而刚性差，又有横刃的影响，故钻孔有以下工艺特点。

（1）钻头容易偏斜

由于横刃的影响而定心不准时，切入时钻头容易引偏；如果钻头的刚性和导向作用较差，切削时钻头容易弯曲。在钻床上钻孔时，容易引起孔的轴线偏移和不直，但孔径无显著变化；在车床上钻孔时，容易引起孔径的变化，但孔的轴线仍然是直的。因此，在钻孔前应先加工端面，并用钻头或中心钻预钻一个锥坑，以便钻头定心。钻小孔和深孔时，为了避免孔的轴线偏移和不直，应尽可能采用工件回转方式进行钻孔。

（2）孔的表面质量较差

钻削切屑较宽，在孔内被迫卷为螺旋状，流出时与孔壁发生摩擦而刮伤已加工的表面。

（3）钻削时轴向力大

这主要是由钻头的横刃引起的。试验表明，钻孔时50%的轴向力和15%的扭矩是由横刃产生的。因此，当钻孔直径d >30mm时，一般分两次进行钻削。第一次钻出$0.5d$～$0.7d$，第二次钻到所需的孔径。由于横刃第二次不参加切削，故可采用较大的进给量，使孔的表面质量和生产率均得到提高。

〖 3 〗扩孔

扩孔是用扩孔钻对已钻出的孔做进一步加工的工艺，扩大孔径并提高精度和降低表面粗糙度值。扩孔可达到的尺寸公差等级为IT11～IT10，表面粗糙度值为Ra12.5～6.3μm，属于孔的半精加工方法；常作铰削前的预加工，也可作为精度不高的孔的终加工。

扩孔钻的结构与麻花钻相比有以下特点。

（1）刚性较好

由于扩孔的背吃刀量小，切屑少，扩孔钻的容屑槽浅而窄，钻芯直径较大，所以增加了扩孔钻工作部分的刚性。

（2）导向性好

扩孔钻有3～4个刀齿，刀具周边的棱边数增多，导向作用相对增强。

（3）切屑条件较好

扩孔钻无横刃参加切削，切削轻快，可采用较大的进给量，生产率较高；又因切屑少，排屑顺利，不易刮伤已加工的表面。

因此扩孔与钻孔相比，加工精度高，表面粗糙度值较低，且可在一定程度上校正钻孔的轴线误差。此外，适用于扩孔的机床与钻孔相同。

〖 4 〗铰孔

铰孔是在半精加工（扩孔或半精镗）的基础上对孔进行的一种精加工方法。铰孔的尺寸公差等级可达IT9～IT6，表面粗糙度值可达Ra3.2～0.2μm。

铰孔的方式有机铰和手铰两种。在机床上进行铰削称为机铰，如图10-43（a）所示；用手工进行铰削的称为手铰，如图10-43（b）所示。

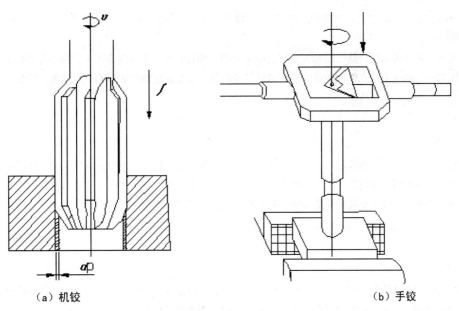

（a）机铰　　　　　　　　　　　　　　（b）手铰

图10-43　铰削示意图

　　以上就是一个孔的加工，流程就比较复杂。机械是一个很庞大的工程，请大家在工厂里虚心学习。

任务 2　绘制管接头

任务参考效果图

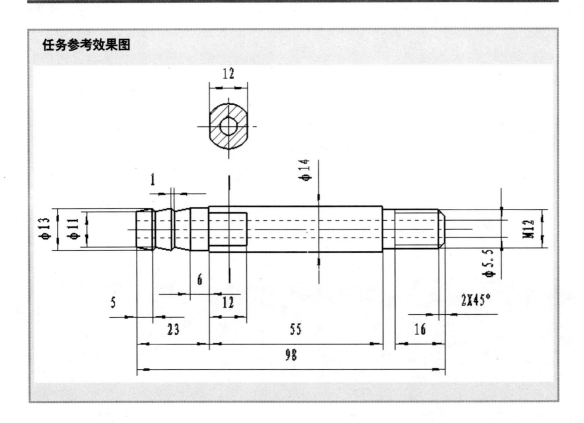

任务背景

管接头属于管件类零件，是气动和液动管道中常用的一种管形式，本实例为铣床上的油管管接头，管内液体有一定的压力。在保证油液能够正常传输的同时，更要保证整个管道的密封性能。管接头左端连接皮管，右端安装于铣床。

任务要求

本实例为铣床上所用管接头，属于管件类零件，由于左端于皮管相连，皮管需定期更换，所以本实例将左端做成倒锥形，使得既可以保证皮管的更换，又可以使得在日常工作中皮管不容易脱落，并且左端铣出两平面便于皮管更换时易于安装。管接头的右端为螺纹结构，与铣床相连接，在安装时采用密封垫圈的方式来保证结构的密封性。

任务分析

本实例为管接头的绘制，在本例中主要是利用【偏移】，以及【倒角】等命令来实现。绘制的难点为左端的倒锥形。本实例的制作思路：首先绘制中心线和管接头上半部分的轮廓线，然后对所绘图形进行镜像生成整个轮廓，再绘制左端平面部分，完成后主视图后绘制断面图，最后进行标注。

模块
11

设计制作箱体类零件
——图形的输出

能力目标

1. 能利用【创建布局】命令创建布局

2. 能利用【打印】命令打印图形

专业知识目标

1. 了解箱体类零件的设计方法

2. 了解箱体的画法

软件知识目标

1. 掌握【创建布局】命令的应用

2. 掌握【打印】命令的应用

课时安排：

5课时（讲课3课时，练习2课时）

模拟制作任务

任务 1 绘制箱体零件图

任务参考效果图

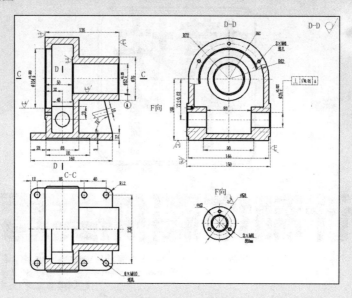

任务背景

本零件为箱体类零件，由于箱体类零件结构形式和轮廓尺寸不同，主要零件的形状和大小也不尽相同，所以箱体的结构较复杂，它是每台不同结构机器中箱体部件装配的基础零件。用它将结构中的一些轴、齿轮、轴承、杠杆和拔叉等零件组装成一个部件，并满足设计图纸要求的性能和精度。

任务要求

此零件是箱体零件，为机构中的主体部分。材料采用灰铸铁HT200。毛坯采用铸造的方式，该零件的左右和前后两个通孔有位置的垂直度要求。螺纹孔可以通过钻、铰、扩削来完成。需要注意的是本零件内腔里面还有两个台的。左端孔有φ104的环槽，用于固定与之配合的端盖。箱体用于放置两个相互垂直的轴，轴上分别装配有齿轮。

任务分析

箱体零件图的绘制是一般机械图纸中比较复杂的图形，在本例中主要是利用绘制直线、圆、圆弧等命令来实现。本实例的制作思路：首先绘制中心线和主视图；再进行绘制右视图；然后通过镜像生成整个俯视图的外部轮廓；在此基础上再绘制半剖视图，最后对整个箱体进行标注，并且运用打印设置来进行打印。

制作流程及难点

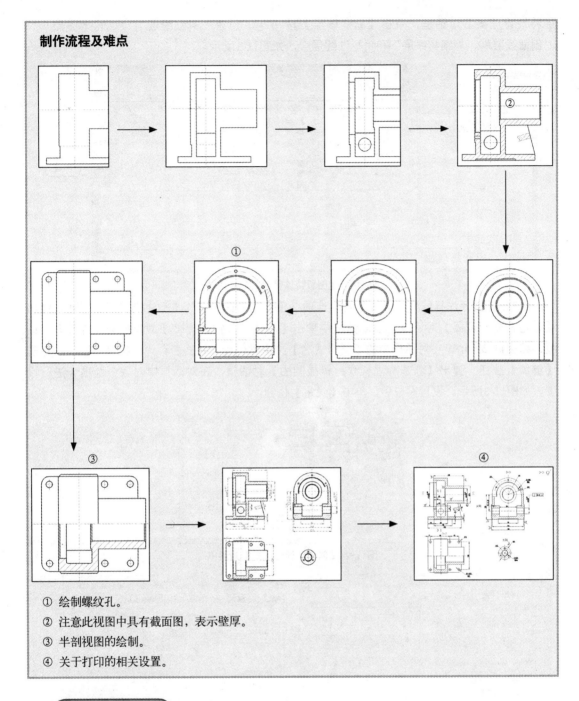

① 绘制螺纹孔。

② 注意此视图中具有截面图，表示壁厚。

③ 半剖视图的绘制。

④ 关于打印的相关设置。

→ **操作步骤详解**

1. 绘图准备

（1）新建文件。单击菜单栏中的【文件】＞【新建】命令，或单击快速访问工具栏中的【新建】命令□，弹出【选择样板】对话框，在对话框中选择"🗒acadiso.dwt"样板，单击【打开】按钮，新建图形。

（2）设置图层。单击【常用】选项卡【图层】面板中的【图层特性】命令🖳，弹出【图层特性管理器】对话框，单击【新建图层】按钮，创建"中心线层"、"轮廓线层"、"剖面线层"、"细实线层"和"标注线层"，如图11-1所示。

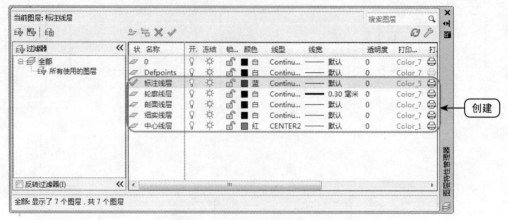

图11-1 【图层特性管理器】对话框

（3）设置标注样式。单击【常用】选项卡【注释】面板中的【标注样式】命令，弹出【标注样式管理器】对话框，在对话框中单击【新建】按钮，弹出【创建新标注样式】对话框，如图11-2所示。在对话框中的【新样式名】文本框中输入样式名称为"机械制图"，单击【继续】按钮，弹出【新建标注样式：机械制图】对话框，在对话框中对各个选项卡进行设置，如图11-3所示。设置完成后，单击【确定】按钮。

图11-2 【创建新标注样式】对话框

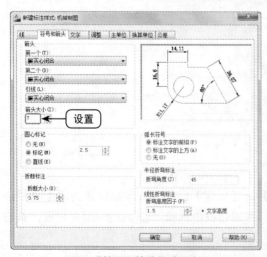

（a）【符号和箭头】选项卡

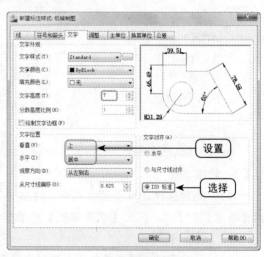

（b）【文字】选项卡

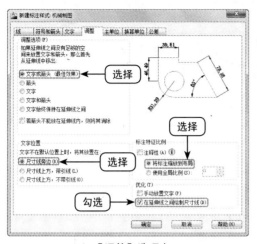 

（c）【调整】选项卡　　　　　　　　（d）【主单位】选项卡

图11-3 【新建标注样式：机械制图】对话框

2．绘制主视图

（1）绘制直线。将"粗实线层"设置为当前图层，在状态栏中单击【正交】按钮或按【F8】键打开正交模式，单击【常用】选项卡【绘图】面板中的【直线】命令，在视图中适当位置绘制一条竖直中心线；重复【直线】命令，绘制一条与中心线相交的水平直线，结果如图11-4所示。

（2）偏移处理。单击【常用】选项卡【修改】面板中的【偏移】命令，将竖直线向右偏移，偏移距离为2mm、32mm、62mm、124mm和136mm；重复【偏移】命令，将竖直线向左偏移，偏移距离为26mm；重复【偏移】命令，将水平线向上偏移，偏移距离分别为12mm、36mm、46mm、70mm、108mm、146mm和180mm。将竖直向右偏移距离为32mm的直线转换成"中心线层"，将水平向上偏移距离为46mm和108mm的直线转换成"中心线层"，结果如图11-5所示。

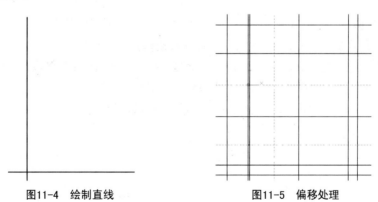

　　　　图11-4　绘制直线　　　　　　　　　　　图11-5　偏移处理

（3）修整图形。单击【常用】选项卡【修改】面板中的【修剪】命令和单击【常用】选项卡【修改】面板中的【删除】命令，修剪和删除多余的线段，如图11-6所示。

（4）偏移处理。单击【常用】选项卡【修改】面板中的【偏移】命令，将竖直中心线向两侧偏移，偏移距离为20mm；重复【偏移】命令，将水平中心线向上侧偏移，偏移距离分别为60mm；将水平中心线向下侧偏移，偏移距离为49mm和96mm。将偏移后的直线转换为轮廓线，结果如图11-7所示。

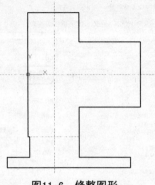

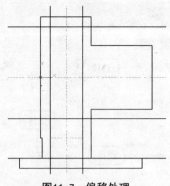

图11-6　修整图形　　　　　　　　　　　　　　图11-7　偏移处理

（5）修整图形。单击【常用】选项卡【修改】面板中的【修剪】命令 ∅ 和单击【常用】选项卡【修改】面板中的【删除】命令 ✐，修剪和删除多余的线段，如图11-8所示。

（6）偏移处理。单击【常用】选项卡【修改】面板中的【偏移】命令 ✑，将上方的水平中心线分别向上下两侧偏移，偏移距离为26mm和52mm；重复【偏移】命令，将竖直中心线向右侧偏移，偏移距离分别为18mm；将偏移后的直线转换为轮廓线，结果如图11-9所示。

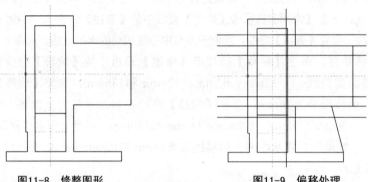

图11-8　修整图形　　　　　　　　　　　　　　图11-9　偏移处理

（7）修整图形。单击【常用】选项卡【修改】面板中的【修剪】 ∅ 命令和单击【常用】选项卡【修改】面板中的【删除】命令 ✐，修剪和删除多余的线段，如图11-10所示。

（8）绘制直线。右击状态栏中的【极轴追踪】按钮 ⊿，弹出极轴追踪设置快捷菜单，选择角度为15，如图11-10所示。保持【极轴追踪】按钮为选择状态，单击【常用】选项卡【绘图】面板中的【直线】命令 ✐，以图11-11中点1为起点利用极轴追踪绘制与垂直方向为15度的斜线，结果如图11-12所示。

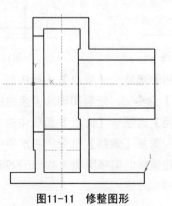

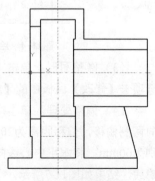

图11-10　极轴追踪设置快捷菜单　　　　　图11-11　修整图形　　　　　　图11-12　绘制直线

（9）绘制圆。单击【常用】选项卡【绘图】面板中的【圆】命令 ⊙，分别以下边的水平中心线与竖直中心线的交点为圆心绘制半径为13mm的圆，如图11-13所示

（10）偏移处理。单击【常用】选项卡【修改】面板中的【偏移】命令 ▱，将最底部的轮廓线向上偏移，偏移距离为3mm；重复【偏移】命令，将最右端竖直轮廓线向右侧偏移，偏移距离分别为28mm和80mm，结果如图11-14所示。

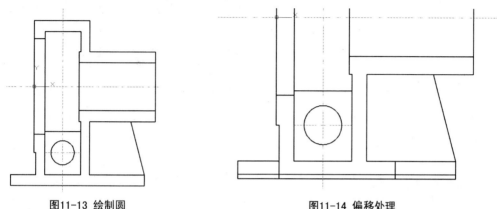

图11-13 绘制圆 图11-14 偏移处理

（11）修整图形。单击【常用】选项卡【修改】面板中的【修剪】命令 ✄ 和单击【常用】选项卡【修改】面板中的【删除】命令 ✐，修剪和删除多余的线段，如图11-15所示。

（12）偏移处理。单击【常用】选项卡【修改】面板中的【偏移】命令 ▱，将水平中心线向上下两侧偏移，偏移距离为62mm；重复【偏移】命令，将刚向下偏移得到的中心线向上下两侧偏移，偏移距离分别为2.5mm和3mm，并将偏移距离为2.5mm的直线转换为粗实线，将偏移距离为3mm的直线转换为细实线，结果如图11-16所示。

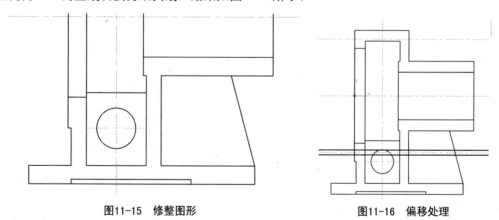

图11-15 修整图形 图11-16 偏移处理

（13）修整图形。首先利用夹点功能，将偏移生成的两条中心线拖动到合适的位置，然后单击【常用】选项卡【修改】面板中的【修剪】命令 ✄ 和单击【常用】选项卡【修改】面板中的【删除】命令 ✐，修剪和删除多余的线段，结果如图11-17所示。

（14）圆角处理。单击【常用】选项卡【修改】面板中的【圆角】命令 ⌐，利用修剪模式对图形进行圆角处理，圆角半径为3mm，如图11-18所示。

（15）倒角处理。单击【常用】选项卡【修改】面板中的【倒角】命令 ⌐，设置为不修剪模式，对视图中进行倒角处理，倒角的距离为2mm，结果如图11-19所示。

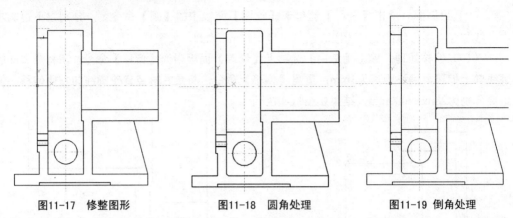

图11-17 修整图形   图11-18 圆角处理   图11-19 倒角处理

（16）图形处理。首先单击【常用】选项卡【绘图】面板中的【直线】命令，连接倒角线；然后单击【常用】选项卡【修改】面板中的【修剪】命令，修剪多余的线段，结果如图11-20所示。

（17）绘制斜线。单击【常用】选项卡【绘图】面板中的【直线】命令，以点1附近位置为起点绘制坐标为"@30<195"的斜线，如图11-21所示。

（18）偏移处理。单击【常用】选项卡【修改】面板中的【偏移】命令，刚绘制的斜线向上下两侧偏移，偏移距离为5mm，并将偏移后的中心线转换成细实线层。

（19）绘制曲线并处理相差线段。将"细实线层"设置为当前图层，单击【常用】选项卡【绘图】面板中的【样条曲线】命令，绘制样条曲线，然后单击【常用】选项卡【修改】面板中的【修剪】命令，修剪多余的线段，结果如图11-22所示。

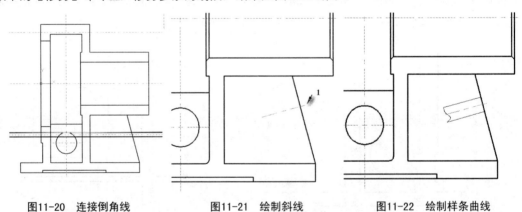

图11-20 连接倒角线   图11-21 绘制斜线   图11-22 绘制样条曲线

（20）填充图案。将"剖面线层"设置为当前图层，单击【常用】选项卡【绘图】面板中的【图案填充】命令，打开如图11-23所示的【图案填充创建】选项卡，在【图案】面板中选择"ANSI31"图例，在【特性】面板中设置比例为"2"，在视图中选取要填充的区域，按【Enter】键，完成图案填充，结果如图11-24所示。

图11-23 【图案填充创建】选项卡

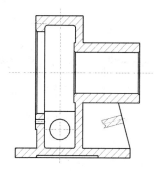

图11-24　填充图案

3．绘制左视图

（1）绘制中心线。打开正交模式和对象追踪模式，将"中心线层"设置为当前图层，单击【常用】选项卡【绘图】面板中的【直线】命令，绘制两条水平中心线和一条竖直中心线，结果如图11-25所示。

（2）绘制同心圆。将"粗实线层"设置为当前图层，单击【常用】选项卡【绘图】面板中的【圆】命令，分别以上步绘制的中心线的交点1为圆心，利用对象追踪功能，捕捉主视图中相应位置延伸线与竖直中心线的交点作为圆半径的端点，绘制三个同心圆（也可以直接输入半径值，分别为65mm，55mm和45mm），并将半径为55mm的圆转换为中心线，如图11-26所示。

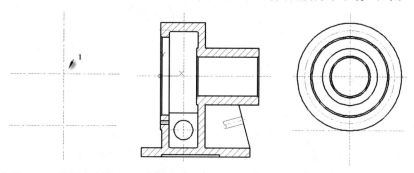

图11-25　绘制中心线　　　　　　　　图11-26　绘制同心圆

（3）绘制直线。单击【常用】选项卡【绘图】面板中的【直线】命令，利用对象追踪功能，捕捉主视图中最下端的端点，在左视图中绘制一条水平直线，结果如图11-27所示。

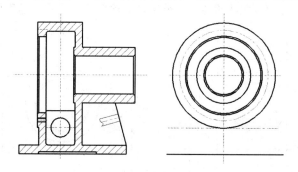

图11-27　绘制直线

（4）偏移直线。单击【常用】选项卡【修改】面板中的【偏移】命令，将竖直中心向两侧偏移，偏移距离为62mm和72mm，并将偏移后的中心线转换为粗实线，结果如图11-28所示。

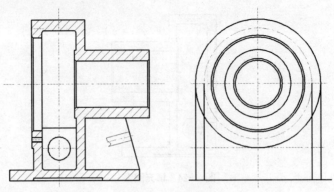

图11-28　偏移处理

（5）绘制曲线。单击【常用】选项卡【绘图】面板中的【样条曲线】命令，绘制两条样条曲线，结果如图11-29所示。

（6）修剪图形。单击【常用】选项卡【修改】面板中的【修剪】命令，修剪多余的线段，结果如图11-30所示。

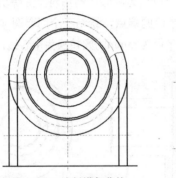
图11-29　绘制样条曲线

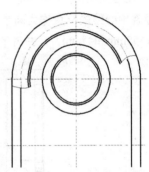
图11-30　修剪图形

（7）偏移直线。单击【常用】选项卡【修改】面板中的【偏移】命令，将最底部的轮廓线向上偏移，偏移距离为12mm和59mm；重复【偏移】命令，将竖直中心线向两侧偏移，偏移距离为40mm，并将偏移后的直线转换为轮廓线层，结果如图11-31所示。

（8）修整图形。单击【常用】选项卡【修改】面板中的【修剪】命令和单击【常用】选项卡【修改】面板中的【删除】命令，修剪和删除多余的线段，结果如图11-32所示。

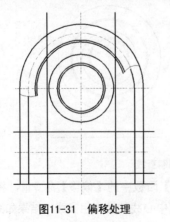
图11-31　偏移处理

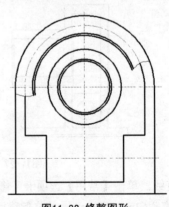
图11-32　修整图形

（9）偏移直线。单击【常用】选项卡【修改】面板中的【偏移】命令📐，将最下端的水平中心线向上下两侧偏移，偏移距离为13mm，并将偏移后的直线转换为轮廓线层。

（10）修剪图形。单击【常用】选项卡【修改】面板中的【修剪】命令✂和单击【常用】选项卡【修改】面板中的【删除】命令✐，修剪和删除多余的线段，如图11-33所示。

（11）偏移图形。单击【常用】选项卡【修改】面板中的【偏移】命令📐，将最下端的轮廓线向上偏移，偏移距离为3mm；重复【偏移】命令，将竖直中心线向两侧偏移，偏移距离为45mm，并将偏移后的直线转换为轮廓线层，结果如图11-34所示。

（12）修剪图形。单击【常用】选项卡【修改】面板中的【修剪】命令✂和单击【常用】选项卡【修改】面板中的【删除】命令✐，修剪和删除多余的线段，如图11-35所示。

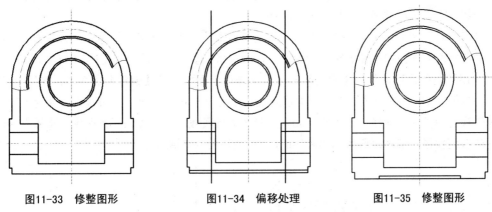

图11-33　修整图形　　　　图11-34　偏移处理　　　　图11-35　修整图形

（13）绘制圆。单击【常用】选项卡【绘图】面板中的【圆】命令⊙，在竖直中心线和最上端中心线圆的交点处分别绘制半径为3mm和2.5mm的圆，并将半径为3mm的圆转换为细实线。

（14）阵列图。单击【常用】选项卡【修改】面板中的【阵列】命令▦，弹出【阵列】对话框，将上步绘制的两个同心圆与竖直中心线，以大圆的圆心为中心点，设置【项目总数】为2、【填充角度】为60°，如图11-36所示。单击【确定】按钮，完成一个圆的阵列，采用同样的方式再次使用【阵列】命令，角度设置为-60°，再向右阵列螺纹孔，如图11-37所示。

（15）修剪线段。单击【常用】选项卡【修改】面板中的【修剪】命令✂，修剪多余的线段，如图11-38所示。

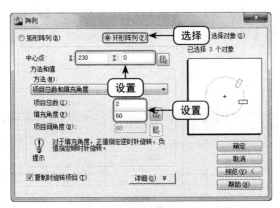

图11-36　【阵列】对话框

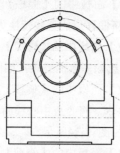
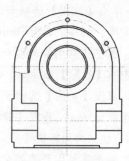

图11-37　阵列圆　　　　　　　　图11-38　修剪图形

（16）偏移直线。单击【常用】选项卡【修改】面板中的【偏移】命令▲，将最下端的水平中心线向上下两侧偏移，偏移距离为21mm。

（17）修剪图形。单击【常用】选项卡【修改】面板中的【修剪】命令▱和单击【常用】选项卡【修改】面板中的【删除】命令◢，修剪和删除多余的线段，如图11-39所示。

（18）偏移处理。单击【常用】选项卡【修改】面板中的【偏移】命令▲，将图11-39中编号为1的水平中心线向两侧偏移，偏移距离分别为2.5mm和3mm，并将偏移距离为2.5mm的直线转换为粗实线、偏移距离为的3mm直线转换为细实线；重复【偏移】命令，将最左端的竖直线向右侧偏移，偏移距离为8mm和10mm，结果如图11-40所示。

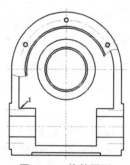
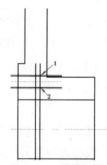

图11-39　修整图形　　　　　　图11-40　偏移处理

（19）绘制直线。单击【常用】选项卡【绘图】面板中的【直线】命令✐，以图11-40中的点1为起点绘制坐标为"@5<-60"的斜线；重复【直线】命令，以图11-40中的点2为起点绘制坐标为"@5>60"的斜线，如图11-41所示。

（20）修整图形。单击【常用】选项卡【修改】面板中的【修剪】命令▱和单击【常用】选项卡【修改】面板中的【删除】命令◢，修剪和删除多余的线段，如图11-42所示。

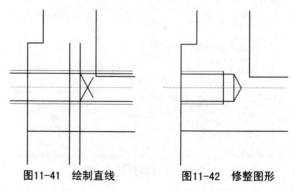

图11-41　绘制直线　　　　　　图11-42　修整图形

（21）倒角处理。单击【常用】选项卡【修改】面板中的【倒角】命令，设置为不修剪模式，对视图中进行倒角处理，倒角的距离为2mm，结果如图11-43所示。

（22）连接倒角线并修剪图形。首先单击【常用】选项卡【绘图】面板中的【直线】命令，连接倒角线；然后单击【常用】选项卡【修改】面板中的【修剪】命令，修剪多余的线段，结果如图11-44所示。

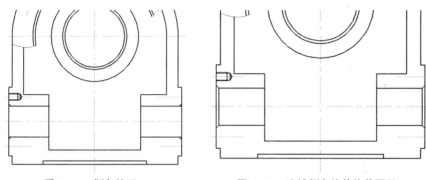

图11-43 倒角处理   图11-44 连接倒角线并修剪图形

（23）填充图案。将"剖面线层"设置为当前图层，单击【常用】选项卡【绘图】面板中的【图案填充】命令，打开【图案填充创建】选项卡，在【图案】面板中选择"ANSI31"图例，在【特性】面板中设置比例为"2"，在视图中选取要填充的区域，按【Enter】键，完成图案填充，结果如图11-45所示。

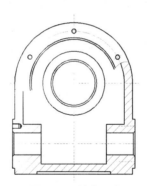

图11-45 填充图案

4．绘制俯视图

（1）绘制中心线。将"中心线层"设置为当前图层，单击【常用】选项卡【绘图】面板中的【直线】命令，绘制一条水平中心线和一条竖直中心线，如图11-46所示。

（2）偏移处理。单击【常用】选项卡【修改】面板中的【偏移】命令，将水平中心线向上偏移，偏移距离分别为38mm、72mm和75mm，并将偏移后的直线转换为粗实线；重复【偏移】命令，将竖直中心线向左偏移，偏移距离为30mm、32mm和58mm；重复【偏移】命令，将竖直中心线向右偏移，偏移距离为30mm、92mm和104mm，结果如图11-47所示。

（3）修剪图形。单击【常用】选项卡【修改】面板中的【修剪】命令，修剪多余的线段，如图11-48所示。

（4）圆角处理。单击【常用】选项卡【修改】面板中的【圆角】命令，对图形进行圆角处理，圆角半径为12mm，结果如图11-49所示。

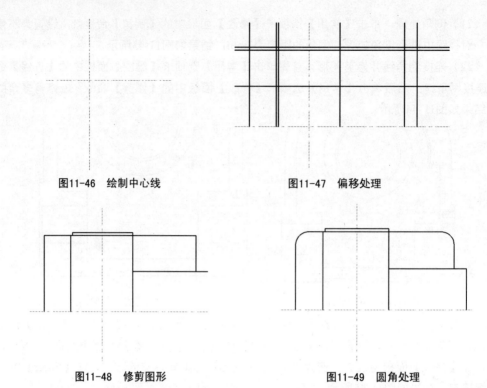

图11-46　绘制中心线　　　　　　　　　图11-47　偏移处理

图11-48　修剪图形　　　　　　　　　图11-49　圆角处理

（5）偏移处理。单击【常用】选项卡【修改】面板中的【偏移】命令◢，将竖直中心线向左侧偏移，偏移距离为46mm；重复【偏移】命令，将竖直中心线向右侧偏移，偏移距离为40mm和80mm；重复【偏移】命令，将水平中心线向上偏移，偏移距离为60mm，结果如图11-50所示。

（6）绘制圆。单击【常用】选项卡【绘图】面板中的【圆】命令◉，以偏移生成中心线的交点为圆心，绘制半径为5mm的三个圆，结果如图11-51所示。

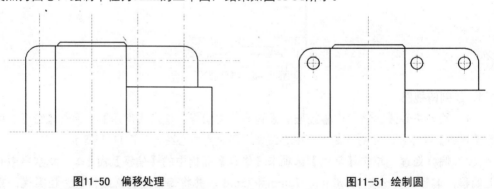

图11-50　偏移处理　　　　　　　　　图11-51　绘制圆

（7）镜像图形。单击【常用】选项卡【修改】面板中的【镜像】命令▲，将俯视图中的图形沿水平中心线进行镜像处理，结果如图11-52所示。

（8）偏移处理。单击【常用】选项卡【修改】面板中的【偏移】命令◢，将竖直中心线向左侧偏移，偏移距离为20mm，并将其转换为粗实线；重复【偏移】命令，将竖直中心线向右侧偏移，偏移距离为18mm和20mm；重复【偏移】命令，将水平中心线向下偏移，偏移距离为26mm、38mm、40mm、52mm和60mm，结果如图11-53所示。

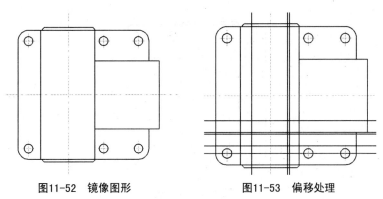

图11-52　镜像图形　　　　　　　　图11-53　偏移处理

（9）修剪图形。单击【常用】选项卡【修改】面板中的【修剪】命令，修剪多余的线段，如图11-54所示。

（10）倒角处理。单击【常用】选项卡【修改】面板中的【倒角】命令，设置为不修剪模式，对视图中进行倒角处理，倒角的距离为2mm，结果如图11-55所示。

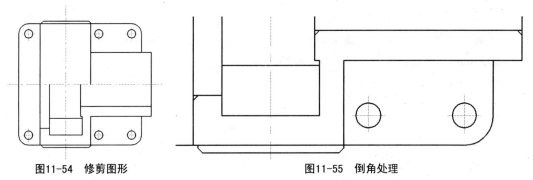

图11-54　修剪图形　　　　　　　　图11-55　倒角处理

（11）连接倒角线并修剪图形。首先单击【常用】选项卡【绘图】面板中的【直线】命令，连接倒角线；然后单击【常用】选项卡【修改】面板中的【修剪】命令，修剪多余的线段，结果如图11-56所示。

（12）圆角处理。单击【常用】选项卡【修改】面板中的【圆角】命令，对图形进行圆角处理，圆角半径为3mm，结果如图11-57所示。

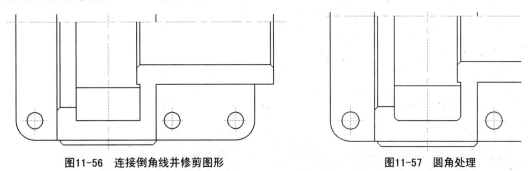

图11-56　连接倒角线并修剪图形　　　　　　图11-57　圆角处理

（13）填充图案。将"剖面线层"设置为当前图层，单击【常用】选项卡【绘图】面板中的【图案填充】命令，打开【图案填充创建】选项卡，在【图案】面板中选择"ANSI31"图例，在【特性】面板中设置比例为"2"，在视图中选取要填充的区域，按【Enter】键，完成图案填充，结果如图11-58所示。

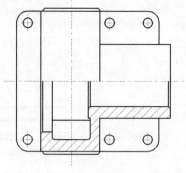

图11-58　填充图案

5．绘制局部视图

（1）绘制中心线。打开正交模式和对象追踪模式，将"中心线层"设置为当前图层，单击【常用】选项卡【绘图】面板中的【直线】命令，绘制水平中心线和竖直中心线，结果如图11-59所示。

（2）绘制同心圆。将"粗实线层"设置为当前图层，单击【常用】选项卡【绘图】面板中的【圆】命令，分别以上步绘制的中心线的交点为圆心，绘制半径为13mm、15mm、21mm和29mm的四个圆，并将半径为21mm的圆转换为中心线，如图11-60所示。

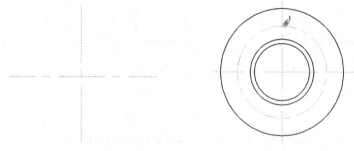

图11-59　绘制中心线　　　　　图11-60　绘制同心圆

（3）绘制圆。单击【常用】选项卡【绘图】面板中的【圆】命令，在图11-60中竖直中心线和最上端中心线圆的交点1处分别绘制半径为3mm和2.5mm的圆，并将半径为3mm的圆转换为细实线，结果如图11-61所示。

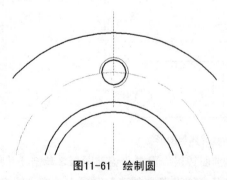

图11-61　绘制圆

（4）阵列圆。单击【常用】选项卡【修改】面板中的【阵列】命令，弹出【阵列】对话框，将上步绘制的两个同心圆与竖直中心线，以大圆的圆心为中心点，设置【项目总数】为3、【填充角度】为360°，如图11-62所示。单击【确定】按钮，完成圆的阵列，如图11-63所示。

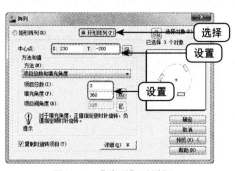

图11-62　【阵列】对话框　　　　　　图11-63　阵列圆

（5）修剪图形。单击【常用】选项卡【修改】面板中的【修剪】命令，修剪多余的线段，如图11-64所示。

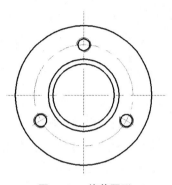

图11-64　修剪图形

6．标注尺寸

（1）线性标注。单击【常用】选项卡【注释】面板中的【线性】命令，对箱体中的线性尺寸进行标注，效果如图11-65所示。

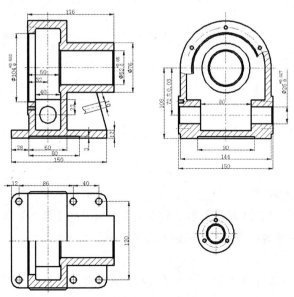

图11-65　线性标注

（2）线性标注。分别单击【常用】选项卡【注释】面板中的【直径】命令◎、【半径】命令◎和【角度】命令△，对箱体进行直径、半径和角度的标注，效果如图11-66所示。

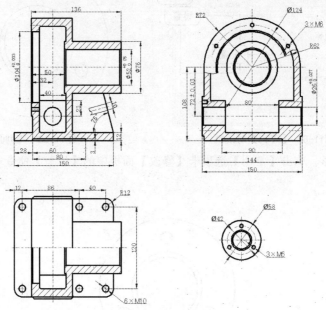

图11-66　线性标注

（3）复制基准符号。单击【常用】选项卡【修改】面板中的【复制】命令☜，将前面模块06中创建的基准符号复制到当前视图中，如图11-67所示。

（4）标注形位公差。在命令行中输入【qleader】命令，标注形位公差，结果如图11-68所示。

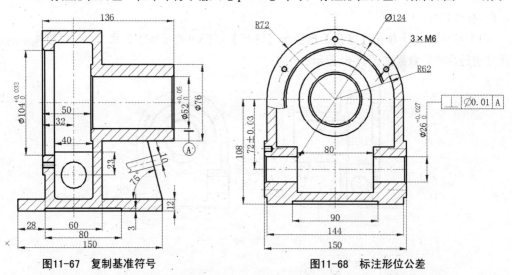

图11-67　复制基准符号　　　　　　图11-68　标注形位公差

（5）标注粗糙度。单击【常用】选项卡【块】面板中的【插入】命令◉，弹出【插入】对话框，将模块08中创建的粗糙度符号块插入到当前视图中适当位置，并修改粗糙度值，如图11-69所示。

（6）添加文字。单击【常用】选项卡【注释】面板中的【多行文字】命令A，弹出【文字编辑器】选项卡，添加图中的文字，如图11-70所示。

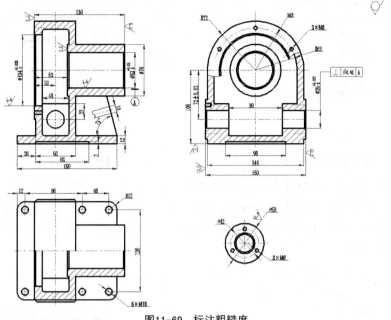

图11-69　标注粗糙度

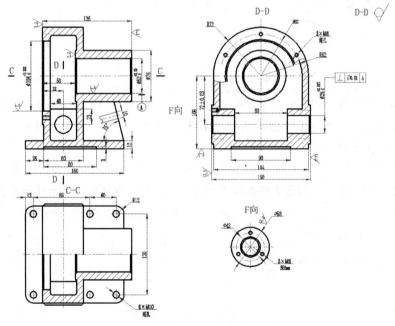

图11-70　添加文字

7．输出图形

（1）创建布局。

1）开始设置。在命令行中输入【layoutwizard】①命令，弹出【创建布局-开始】对话框，如图11-71所示。在【输入新布局的名称】文本框中输入布局名称"箱体"，单击【下一步】按钮。

2）打印机设置。弹出【创建布局-打印机】对话框，如图11-72所示，在该对话框中选择配置新布局的绘图仪，单击【下一步】按钮。

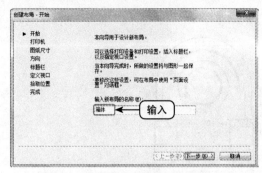

图11-71 【创建布局-开始】对话框

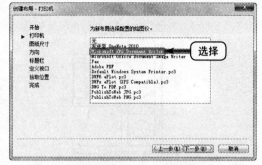

图11-72 【创建布局-打印机】对话框

3）图纸尺寸设置。弹出【创建布局-图纸尺寸】对话框，在图纸尺寸下拉列表框中选择"A3"图纸，【图形单位】选择"毫米"，如图11-73所示，单击【下一步】按钮。

4）方向设置。弹出【创建布局-方向】对话框，选择方向为"横向"，如图11-74所示，单击【下一步】按钮。

图11-73 【创建布局-图纸尺寸】对话框

图11-74 【创建布局-方向】对话框

5）标题栏设置。弹出【创建布局-标题栏】对话框，选择"无"标题栏，如图11-75所示，单击【下一步】按钮。

6）定义视口设置。弹出【创建布局-定义视口】对话框，在视口设置中选择"单个"单选按钮，在【视口比例】下拉列表框中选择"1：2"，如图11-76所示，单击【下一步】按钮。

图11-75 【创建布局-标题栏】对话框

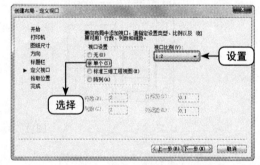

图11-76 【创建布局-定义视口】对话框

7）拾取位置设置。弹出【创建布局-拾取位置】对话框，如图11-77所示，单击【下一步】按钮。

8）完成设置。弹出【创建布局-完成】对话框，如图11-78所示，单击【完成】按钮，完成箱体布局的创建，如图11-79所示。

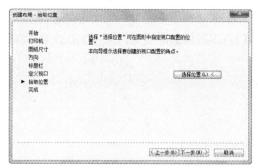

图11-77 【创建布局-拾取位置】对话框

图11-78 【创建布局-完成】对话框

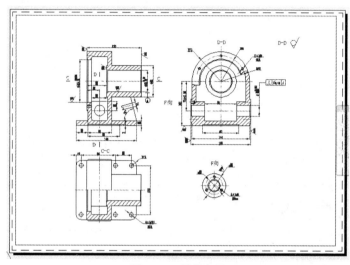

图11-79 箱体布局

（2）打印预览。单击菜单栏中的【文件】＞【打印】＞【打印预览】命令，或单击快速访问工具栏中的【打印预览】②命令，如图11-80所示，进入打印预览窗口。可以利用工具栏中的各种显示工具，观察图形，如图11-81所示，单击【关闭】按钮⊗，关闭预览窗口。

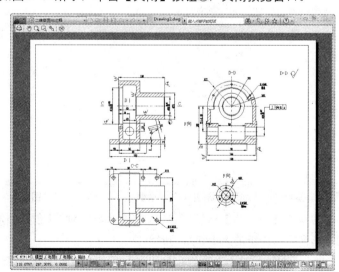

图11-80 单击【打印预览】命令　　　　　　　　　　图11-81 打印预览

（3）打印。单击菜单栏中的【文件】>【打印】>【打印】命令，或单击快速访问工具栏中的【打印】③命令📇，如图11-82所示，弹出【打印-箱体】对话框，采用默认设置，如图11-83所示，单击【确定】按钮，打印图纸。

图11-82　单击【打印】命令　　　　　图11-83　【打印-箱体】对话框

知识点拓展

[1] 创建布局（layoutwizard）

执行此命令，弹出【创建布局-开始】对话框。

①在【输入新布局的名称】文本框中输入新布局名称，如图11-84所示。

②单击【下一步】按钮，弹出如图11-85所示的【创建布局-打印机】对话框，在该对话框中选择配置新布局的绘图仪。

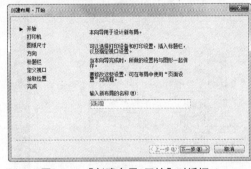

图11-84　【创建布局-开始】对话框　　　　图11-85　【创建布局-打印机】对话框

③单击【下一步】按钮，弹出如图11-86所示的【创建布局-图纸尺寸】对话框。该对话框用于选择打印图纸的大小和所用的单位。

◆　【图纸尺寸】选项组：列出了可用的各种格式的图纸，它由选择的打印设备决定，可从中选择一种格式。

◆ 【图形单位】选项组：用于控制输出图形的单位，可以选择"毫米"、"英寸"或
　　"像素"。选择【毫米】单选按钮，即以毫米为单位，再选择图纸的大小。

④单击【下一步】按钮，弹出如图11-87所示的【创建布局-方向】对话框。在该对话框
中，可以通过选择"纵向"或"横向"选项，来改变图形在图纸上的布置方向。

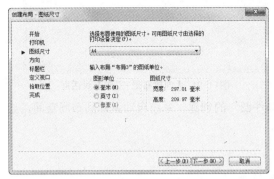
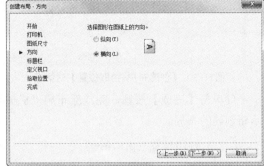

图11-86　【创建布局-图纸尺寸】对话框　　　　图11-87　【创建布局-方向】对话框

⑤单击【下一步】按钮，弹出如图11-88所示的【创建布局-标题栏】对话框。

◆ 【路径】选项组：列出了当前可用的图纸边框和标题栏样式，可从中选择一种，作为
　　创建布局的图纸边框和标题栏样式。

◆ 【预览】选项组：将显示所选的样式。

◆ 【类型】选项组：可以指定所选标题栏图形文件是作为"块"还是作为"外部参照"
　　插入到当前图形中。

⑥单击【下一步】按钮，弹出如图11-89所示的【创建布局-定义视口】对话框。在该对话
框中可以指定新创建的布局默认视口设置和比例等。

◆ 【视口设置】选项组：用于设置当前布局，定义视口数。

◆ 【视口比例】选项组：用于设置视口的比例。当选择"阵列"时，【行数】和【列
　　数】两个文本框分别用于输入视口的行数和列数，【行间距】和【列间距】两个文本
　　框分别用于输入视口的行间距和列间距。

图11-88　【创建布局-标题栏】对话框　　　　图11-89　【创建布局-定义视口】对话框

⑦单击【下一步】按钮，弹出如图11-90所示的【创建布局-拾取位置】对话框。

◆ 选择位置：单击此按钮，系统将暂时关闭该对话框，返回到绘图区，从图形中指定视
　　口配置的大小和位置。

⑧单击【下一步】按钮，弹出如图11-91所示的【创建布局-完成】对话框。

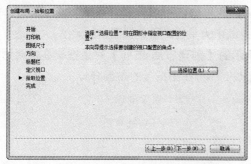
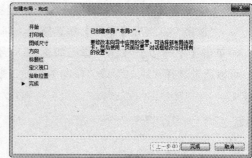

图11-90 【创建布局-拾取位置】对话框　　　　图11-91 【创建布局-完成】对话框

⑨单击【完成】按钮，完成新布局"机械零件图"的创建，系统自动返回到布局空间，显示新创建的布局。

〖2〗打印预览（preview）

执行此命令，弹出打印预览界面，如图11-81所示。

选项说明如下。

◆ 【打印🖨】按钮：打印整张预览中显示的图形，然后退出打印预览界面。

◆ 【平移🖐】按钮：平移预览图像。

◆ 【缩放🔍】按钮：用来放大或缩小预览图像。

◆ 【窗口缩放🔍】按钮：缩放窗口显示的图形。

◆ 【缩放为原窗口🔍】按钮：恢复初始整张浏览。

◆ 【关闭⊗】按钮：关闭【预览】窗口。

〖3〗打印（plot）

执行此命令，弹出如图11-92所示的【打印】对话框。

图11-92 【打印】对话框

【打印】对话框中的选项说明如下。

◆ 【页面设置】选项组：列出了图形中已命名或已保存的页面设置，可以将这些已保存的页面设置作为当前页面设置；也可以单击【添加】按钮，基于当前设置创建一个新的页面设置。

◆ 【打印机/绘图仪】选项组：用于选择打印机或绘图仪。

名称：其下拉列表框中列出了所有可用的系统打印机和PC3文件。从中选择一种打印机，指定为当前已配置的系统打印设备，以打印输出布局图形。

特性：单击此按钮，弹出【绘图仪配置编辑器】对话框，如图11-93所示。通过该对话框可以查看或修改当前绘图仪的配置、端口、设备和介质设置。

图11-93 【绘图仪配置编辑器】对话框

打印到文件：打印输出到文件而不是绘图仪或打印机。

◆ 【图纸尺寸】选项组：用于选择图纸尺寸。其下拉列表框中可用的图纸尺寸由当前为布局所选的打印设备确定。如果配置绘图仪进行光栅输出，则必须按像素指定输出尺寸。

通过使用绘图仪配置编辑器可以添加存储在绘图仪配置（PC3）文件中的自定义图纸尺寸。如果使用系统打印机，则图纸尺寸由Windows控制面板中的默认纸张设置决定。

◆ 【打印区域】选项组：用于指定图形实际打印的区域。

打印范围：包括"布局"、"显示"、"窗口"、"图形界限"四个选项。打印布局时，将打印指定图纸尺寸的可打印区域内的所有内容。

◆ 【打印偏移】选项组：用于指定打印区域自图纸左下角的偏移。

◆ 【打印比例】选项组：用于控制图形单位与打印单位之间的相对尺寸。

比例：打印布局时的默认比例是1∶1，在"比例"下拉列表框中可以定义打印的精确比例。

缩放线宽：将对有宽度的线也进行缩放。一般情况下，打印时，图形中的各实体按图层中指定的线宽来打印，不随打印比例缩放。

专业知识详解

[1] 箱体类零件的功用及结构特点

箱体类零件是机器或部件的基础零件，它将机器或部件中的轴、套、齿轮等有关零件组装成一个整体，使它们之间保持正确的相互位置，并按照一定的传动关系协调地传递运动或动力。因此，箱体零件的加工质量将直接影响机器或部件的精度、性能和寿命。

常见的箱体类零件有机床主轴箱、机床进给箱、变速箱体、减速箱体、发动机缸体和机座等。根据结构形式不同，箱体零件可分为整体式箱体（如车床的进给箱）和分离式箱体（如分离式减速器箱体）两大类。前者需整体铸造、整体加工，加工较困难，但装配精度高；后者可

分别制造，便于加工和装配，但增加了装配工作量。箱体的结构形式虽然多种多样，但仍有共同的主要特点，即形状复杂、壁薄且不均匀，内部呈腔形，加工部位多，加工难度大；既有精度要求较高的孔系和平面，也有许多精度要求较低的紧固孔。因此，一般中型机床制造厂用于箱体类零件的机械加工劳动量约占整个产品加工量的15%~20%。

[2] 箱体类零件的主要技术要求

箱体类零件中以机床主轴箱的精度要求最高。以某车床主轴箱为例，箱体零件的技术要求主要可归纳如下。

（1）主要平面的形状精度和表面粗糙度

箱体的主要平面是装配基准，并且往往是加工时的定位基准，所以，应有较高的平面度和较小的表面粗糙度值；否则，将直接影响箱体加工时的定位精度，影响箱体与机座总装时的接触刚度和相互位置精度。

一般箱体主要平面的平面度为0.1mm~0.03mm，表面粗糙度为Ra2.5~0.63μm，各主要平面对装配基准面垂直度为0.1/300。

（2）孔的尺寸精度、几何形状精度和表面粗糙度

箱体上的轴承支承孔本身的尺寸精度、形状精度和表面粗糙度都要求较高；否则，将影响轴承与箱体孔的配合精度，使轴的回转精度下降，也易使传动件（如齿轮）产生振动和噪声。一般机床主轴箱的主轴支承孔的尺寸精度为IT6，圆度、圆柱度公差不超过孔径公差的一半，表面粗糙度值为Ra0.63~0.32μm。其余支承孔尺寸精度为IT7~IT6，表面粗糙度值为Ra2.5~0.63μm。

（3）主要孔和平面的相互位置精度

同一轴线的孔应有一定的同轴度要求，各支承孔之间也应有一定的孔距尺寸精度及平行度要求；否则，不仅装配有困难，而且会使轴的运转情况恶化，温度升高，加剧轴承磨损，齿轮啮合精度下降，引起振动和噪声，影响齿轮寿命。支承孔之间的孔距公差为0.05mm~0.12mm，平行度公差应小于孔距公差，一般在全长取0.04mm~0.1mm。同一轴线上孔的同轴度公差一般为0.01mm~0.04mm。支承孔与主要平面的平行度公差为0.05mm~0.1mm，主要平面间及主要平面对支承孔之间垂直度公差为0.04mm~0.1mm。

[3] 箱体的材料及毛坯

箱体材料一般选用HT200~400的各种牌号灰铸铁，最常用的为HT200。灰铸铁不仅成本低，而且具有较好的耐磨性、可铸性、可切削性和阻尼特性。在单件生产或某些简易机床的箱体生产中，为了缩短生产周期和降低成本，可采用钢材焊接结构。此外，精度要求较高的坐标镗床主轴箱则应选用耐磨铸铁，负荷大的主轴箱也可采用铸钢件。

毛坯的加工余量与生产批量、毛坯尺寸、结构、精度和铸造方法等因素有关。有关数据可查阅相关资料并根据具体情况决定。

毛坯铸造时，应防止砂眼和气孔的产生。为了减少毛坯制造时产生的残余应力，应使箱体壁厚尽量均匀，箱体浇铸后应安排时效或退火工序。

[4] 粗基准与精基准

箱体在铸造完毕后，机加工的部分最重要的是平面和孔系。机械加工的第一步，也是最重

要的一步，是基准的选择，而基面又是基准选择与工艺规程设计中的重要工作之一。基面选择的正确合理，可以使加工质量得到保证，使生产效率得到提高。否则加工工艺规程中会问题百出，更有甚者还会造成零件大批报废。鉴于篇幅这里只介绍选择基准的原则。

（1）粗基准的选择

因为在加工工程中，粗基准要选择重要面，根据粗基准的选择原则，并保证相互的位置精度要求原则。当零件有不加工表面时，则应以这些不加工表面作为粗基准；当零件有若干个不加工表面时，则应与加工表面相对位置要求高的不加工表面作为粗基准。

（2）精基准的选择

精基准的选择原则包括基准重合原则、统一基准原则、互为基准原则、自为基准原则及便于安装原则。统一基准原则常常带来基准不重合的问题，在这种情况下，要针对具体问题具体分析，要在满足设计要求的前提下，决定最终选择的精基准。

先加工平面，后加工孔，是箱体加工的一般规律。因为主要平面是箱体往机器上的装配基准，先加工主要平面后加工支承孔，使定位基准与设计基准和装配基准重合（基准重合原则），从而可消除因基准不重合而引起的误差。另外，先以孔为粗基准加工平面，再以平面为精基准加工孔，这样，可为孔的加工提供稳定可靠的定位基准。并且加工平面时切去了铸件的硬皮和凹凸不平，对后序孔的加工有利，可减少钻头引偏和崩刃现象，对刀的调整也比较方便。有时候为了加工平面，要反复将箱体翻转，使其互为加工基准加工（互为基准原则）。由于工件是立体的，所以在加工时要加工出三个相互垂直的面作为对刀的基准（以加工中心为例），这三个平面可以不相交，甚至距离比较远，但必须两两垂直，以后所有的平面、孔、凸台都以此为基准加工。箱体由于大部分是铸造件，所以除了必须要加工出来的部分之外，如果没有特别要求，其余部分就保持原形的本色就可以了。

〖 5 〗平面加工

平面加工方法有刨、铣、拉、磨等，刨削和铣削常用做平面的粗加工和半精加工，而磨削则用做平面的精加工。采用哪种加工方法较合理，需根据零件的形状、尺寸、材料、技术要求、生产类型及工厂现有设备来确定。现在在工厂里加工平面比较常用的刀具和加工方法有如下几种。

（1）圆柱形铣刀

圆柱形铣刀一般用于在卧式铣床上用周铣方式加工较窄的平面。圆柱形铣刀有两种类型：一是粗齿圆柱形铣刀，具有齿数少、刀齿强度高、容屑空间大、重磨次数多等特点，适用于粗加工；二是细齿圆柱形铣刀，齿数多、工作平稳，适于精加工。

（2）面铣刀

标准铣刀直径范围为80mm～250mm。高速钢面铣刀一般用于加工中等宽度的平面。硬质合金面铣刀的切削效率及加工质量均比高速钢铣刀高，故目前广泛使用硬质合金面铣刀加工平面。

〖 6 〗孔加工

孔的加工是用划线的方式找正的，也就是画线定位孔的中心。另外还有心轴和块规找正法、样板找正法、定心套找正法、镗模加工等。这些方法都是在数控加工没有普及之前，纯机械的办法，尤其是加工平行孔系时，人们为保证精度而想出来的办法。而现在的数控加工中心在加工孔系时，即使是逐个孔加工，也是可以保证孔之间的距离精度的。

箱体机械加工的结构工艺性对实现优质、高产、低成本具有重要的意义。

任务 2 绘制齿轮泵泵体

任务参考效果图

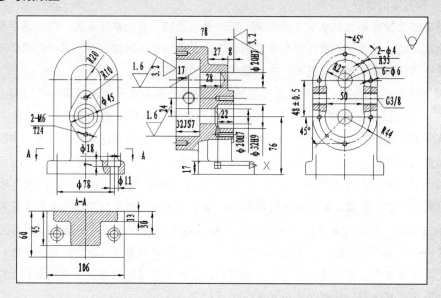

任务背景

本零件为齿轮泵的泵体，属于箱体类零件。一般来说，箱体类零件的形状、结构比其他零件复杂，并且加工位置的变化更多。本实例为某齿轮泵厂绘制齿轮泵泵体，由于齿轮加工工序和新材料的运用，齿轮的尺寸比原来变小许多，所以齿轮泵体也需要重新设计。本泵体具有支撑、包容、保护泵体内齿轮和其他运动零件的作用。

任务要求

本实例为齿轮泵所用泵体，毛坯形状比较复杂，设计制造时一般铸造为铸件毛坯，然后对铸件毛坯进行切削加工。本零件采用全剖的主视图和局部剖视图来分别表达它的内部结构和外部形状；此外，采用局部视图和剖面图分别补充反映处箱体零件的各个局部地方的结构形状。

任务分析

本例的绘制思路：依次绘制齿轮泵泵体左视图、主视图和右视图，充分利用多视图投影对应关系，绘制辅助定位直线。对于泵体本身，从上至下划分为三个组成部分：泵体顶面、箱体中间腔体和泵体底座，每一个视图的绘制也都围绕这三个部分分别进行。另外，在泵体绘制过程中也充分应用了局部剖视图。

模块 12

装配图的绘制

——【设计中心】命令的运用

能力目标

1. 能利用【块】命令创建块

2. 能利用【设计中心】命令装配零件

专业知识目标

1. 了解零件的装配方法

2. 了解装配图的画法

软件知识目标

1. 掌握【设计中心】命令的应用

2. 掌握表格命令的应用

课时安排

4课时（讲课2课时，练习2课时）

模拟制作任务

任务 1 绘制联轴器装配图

任务参考效果图

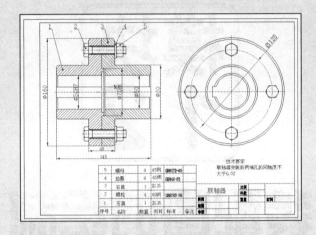

任务背景

联轴器是连接两轴或轴与回转件、在传递动力与运动过程中一同回转而不脱开的一种装置。联轴器必须在机器停车后，经过拆卸才能使两轴结合或分离，在传动过程中不改变转向和转矩大小。本实例所设计联轴器为炼钢车间内使用的减速器与托辊之间的制动机构，为转速不高、载荷平稳的场合，所以采用刚性联轴器。刚性联轴器结构简单，零件数量少，重量轻，制造容易且成本较低。

任务要求

本实例联轴器属于凸缘刚性联轴器，通过承载能力、转速、两轴相对位移、缓冲吸振以及装拆、维修更换易损元件等综合分析确定。结构为两个带有凸缘的半联轴器用键，分别与两轴连接，然后用螺栓把两个半联轴器连成一体，以传递运动和转矩。它的结构简单，工作可靠，传递转矩大，装拆较方便，可以连接不同直径的两轴，而且凸缘联轴器是应用最广泛的一种刚性联轴器。本实例采用凹凸槽对中方式，这种方式用一个半联轴器上的凸肩与另一个半联轴器上的凹槽相配合而对中，转矩靠半联轴器结合面之间的摩擦力矩来传递。

任务分析

联轴器装配图的绘制是比较典型的装配图的实例，在本例中主要是利用块插入的方式来插入零件图，以及利用标注与表格命令来完成图形的绘制。本实例的制作思路：首先通过绘制完成的零件图修改后生成装配图所用图块，然后分别将零件图的图块选择合适的位置插入装配图中，再进行尺寸和引出序号的绘制，最后添加标题栏和明细栏。

制作流程及难点

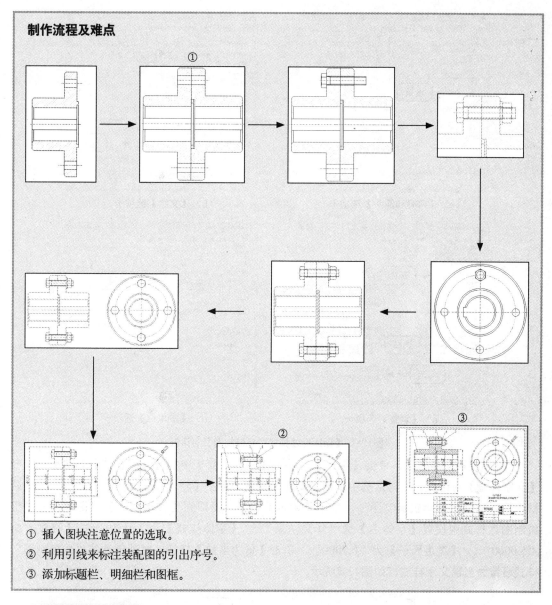

① 插入图块注意位置的选取。

② 利用引线来标注装配图的引出序号。

③ 添加标题栏、明细栏和图框。

→ **操作步骤详解**

1. 绘图准备

（1）新建文件。单击菜单栏中的【文件】>【新建】命令，或单击快速访问工具栏中的【新建】命令，弹出的【选择样板】对话框，在对话框中选择"A3-横"样板，单击【打开】按钮，新建图形。

（2）设置标注样式。单击【常用】选项卡【注释】面板中的【标注样式】命令，弹出【标注样式管理器】对话框。在对话框中单击【新建】按钮，弹出【创建新标注样式】对话框。在对话框中的【新样式名】文本框中输入样式名称为"机械制图"；单击【继续】按钮，弹出【新建标注样式：机械制图】对话框，在对话框中对各个选项卡进行设置，如图12-1所示。设置完成后，单击【确定】按钮。

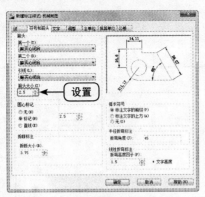

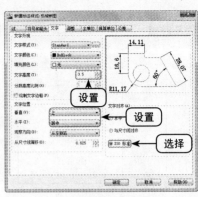

（a）【符号和箭头】选项卡　　　　　　（b）【文字】选项卡

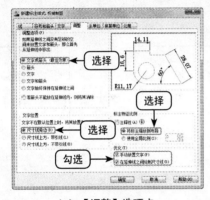

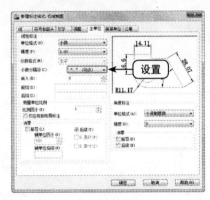

（c）【调整】选项卡　　　　　　（d）【主单位】选项卡

图12-1　【新建标注样式：机械制图】对话框

（3）设置文字样式。单击【常用】选项卡【注释】面板中的【文字样式】命令，弹出【文字样式】对话框。在对话框中单击【新建】按钮，弹出【新建文字样式】对话框，在对话框中输入样式名为"机械制图"，单击【确定】按钮；返回到【文字样式】对话框，在"机械制图"样式中设置【字体名】为"华文仿宋"、【字体样式】为"常规"、【高度】为"5.0000"、【宽度因子】为"0.7000"，单击【置为当前】按钮，将新创建的"机械制图"样式设置为当前文字样式，如图12-2所示。

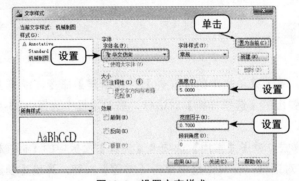

图12-2　设置文字样式

2．创建图块

（1）打开文件。单击菜单栏中的【文件】＞【打开】命令，或单击快速访问工具栏中的

【打开】命令 📂，弹出【选择文件】对话框，如图12-3所示，在对话框中选择联轴器左套，单击【打开】按钮，打开"联轴器左套"文件，如图12-4所示。

图12-3 【选择文件】对话框

图12-4 打开"联轴器左套"文件

（2）关闭尺寸线层。在【常用】选项卡【图层】面板中的【图层】下拉列表框中关闭尺寸线层，结果如图12-5所示。

（3）创建左套主视图。在命令行中输入【wblock】命令，弹出【写块】对话框，如图12-6所示。单击【拾取点】按钮，在视图中拾取图12-5所示的A点为基点；单击【选择对象】按钮，拾取联轴器左套的主视图为对象，选择适当的路径，并输入名称为"左套主视图"，单击【确定】按钮，完成左套主视图的创建。

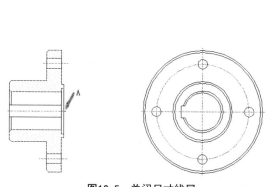

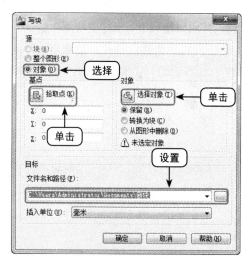

图12-5 关闭尺寸线层

图12-6 【写块】对话框

（4）创建左套左视图。在命令行中输入【wblock】命令，弹出【写块】对话框，单击【拾取点】按钮，在视图中拾取左视图的圆心为基点；单击【选择对象】按钮，拾取联轴器左套的左视图为对象，在名称中输入"左套左视图"，单击【确定】按钮，完成左套左视图的创建。

（5）关闭尺寸线层。打开"联轴器右套"文件，并关闭尺寸线图层。

（6）创建右套左视图。在命令行中输入【wblock】命令，弹出【写块】对话框，单击【拾取点】按钮，在视图中拾取图12-7所示的B点为基点；单击【选择对象】按钮，拾取联轴器右套的左视图为对象，在名称中输入"右套左视图"，单击【确定】按钮，完成右套左视图的创建。

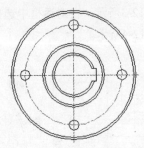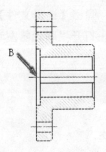

图12-7　联轴器右套左视图

（7）创建螺栓。打开"螺栓"文件，在命令行中输入【wblock】命令，弹出【写块】对话框，分别以图12-8所示的主视图中的C点和左视图中的圆心为基点，创建"螺栓主视图"和"螺栓左视图"图块。

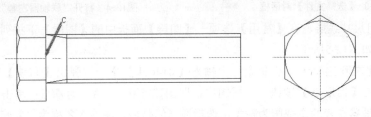

图12-8　螺栓

（8）创建螺母。打开"螺母"文件，在命令行中输入【wblock】命令，弹出【写块】对话框，分别以图12-9所示的主视图中的D点为基点，创建"螺母主视图"图块。

（9）创建垫圈。打开"垫圈"文件，在命令行中输入【wblock】命令，弹出【写块】对话框，分别以图12-10所示的E点为基点，创建"垫圈"图块。

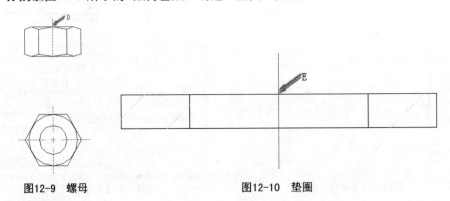

图12-9　螺母　　　　　　　　　　图12-10　垫圈

3．装配零件

（1）设计中心。单击【视图】选项卡【选项板】面板中的【设计中心】①命令，如图12-11所示，弹出【设计中心】选项板，在其中选择创建块保存的路径及文件夹，如图12-12所示。

图12-11　单击【设计中心】命令

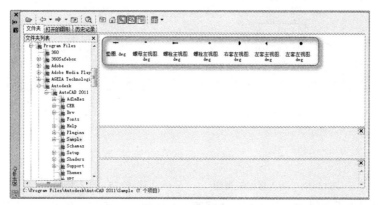

图12-12　设计中心

（2）对左套主视图操作。将"左套主视图"图块拖入绘图区，命令行提示和操作如下。

命令: insert

输入块名或 [?] <A$9E>: "J:\联轴器图块\左套主视图.dwg"

单位: 无单位　转换:　　1.0000

指定插入点或 [基点(B)/比例(S)/X/Y/Z/旋转(R)]: （插入到图中适当位置）

输入 X 比例因子, 指定对角点, 或 [角点(C)/XYZ(XYZ)] <1>:

输入 Y 比例因子或 <使用 X 比例因子>:

指定旋转角度 <0>:

（3）对左套左视图操作。将"左套左视图"图块拖入绘图区，利用对象追踪功能使其水平中心线与主视图的水平中心线在一条水平线上，插入比例为"1"，角度为"0"，结果如图12-13所示。

（4）对右套左视图操作。将"右套左视图"图块拖入绘图区，利用对象追踪功能和捕捉功能使其插入点为左套主视图的基点，插入比例为"1"，角度为"0"，结果如图12-14所示。

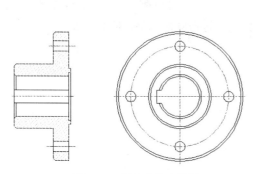

图12-13　插入左套左视图

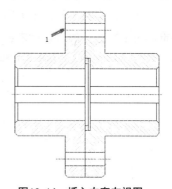

图12-14　插入右套左视图

（5）对螺栓主视图操作。将"螺栓主视图"图块拖入绘图区，利用对象追踪功能和捕捉功能将其插入到如图12-14所示的基点，插入比例为"1"，角度为"0"，结果如图12-15所示。

（6）对垫圈操作。将"垫圈"图块拖入绘图区，利用对象追踪功能和捕捉功能将其插入到如图12-15所示的基点，插入比例为"1"，角度为"90°"，结果如图12-16所示。

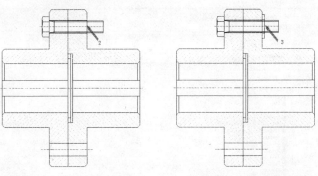

图12-15　插入螺栓主视图　　　　　图12-16　插入垫圈

（7）对螺母主视图操作。将"螺母主视图"图块拖入绘图区，利用对象追踪功能和捕捉功能将其插入到如图12-16所示的基点，插入比例为"1"，角度为"90°"，结果如图12-17所示。

（8）镜像处理。单击【常用】选项卡【修改】面板中的【镜像】命令△，将插入的螺栓主视图、垫圈和螺母主视图沿水平中心线进行镜像处理，结果如图12-18所示。

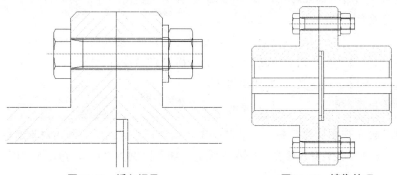

图12-17　插入螺母　　　　　　　　图12-18　镜像处理

（9）对螺栓主视图操作。将"螺栓主视图"图块拖入绘图区，利用对象追踪功能和捕捉功能将其插入到左视图中小圆的圆心，插入比例为"1"，角度为"0°"，结果如图12-19所示。

（10）阵列圆。单击【常用】选项卡【修改】面板中的【阵列】命令▦，弹出【阵列】对话框，将上步插入的"螺栓左视图"图块绕大圆圆心进行圆形阵列，阵列角度为"360"，阵列个数为"4"，单击【确定】按钮，结果如图12-20所示。

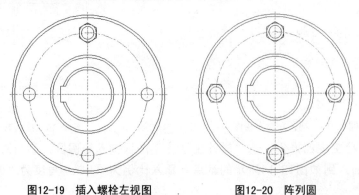

图12-19　插入螺栓左视图　　　　　图12-20　阵列圆

（11）分解图形。单击【常用】选项卡【修改】面板中的【分解】命令，将视图中的块全部分解。

（12）整理图形。单击【常用】选项卡【修改】面板中的【修剪】命令 和【删除】命令 ，修剪和删除多余的线段，结果如图12-21所示。

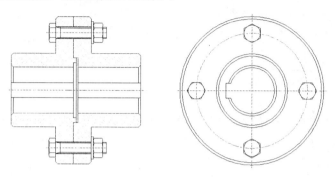

图12-21　整理图形

4．标注尺寸和明细表

（1）标注外部尺寸。单击【常用】选项卡【注释】面板中的【线性】命令 ，对装配图中的外部尺寸进行标注，效果如图12-22所示。

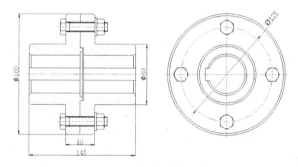

图12-22　标注外部尺寸

（2）标注配合尺寸。单击【常用】选项卡【注释】面板中的【线性】命令 ，对装配图中的配合尺寸进行标注，效果如图12-23所示。

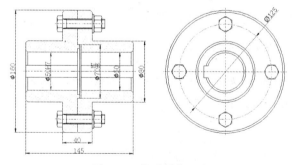

图12-23　标注配合尺寸

（3）设置多重引线样式。单击【常用】选项卡【注释】面板中的【多重引线样式】[②]命令 ，如图12-24所示，弹出【多重引线样式管理器】对话框，如图12-25所示。单击【新建】按钮，弹出【创建新多重引线样式】对话框，在【新样式名】文本框中输入"机械制图"，如图12-26所示。单击【继续】按钮，弹出【修改多重引线样式：机械制图】对话框，具体设置如图12-27所示。

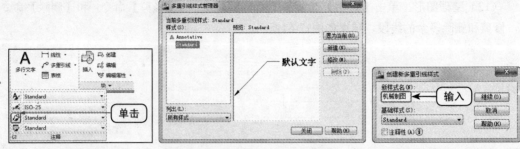

图12-24 单击【多重引线样式】命令　图12-25 【多重引线样式管理器】对话框　图12-26 【创建新多重引线样式】对话框

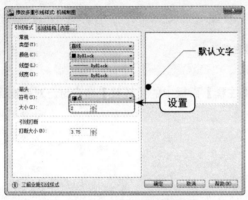

（a）【引线格式】选项卡

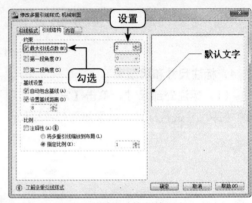

（b）【引线结构】选项卡

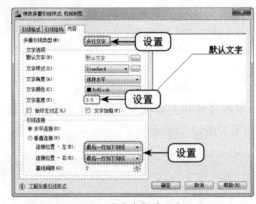

（c）【内容】选项卡

图12-27 【新建多重引线样式：机械制图】对话框

（4）标注零件序号。单击【常用】选项卡【注释】面板中的【多重引线】[3]命令，如图12-28所示。

图12-28 单击【多重引线】命令

命令行提示和操作如下。

命令: mleader

指定引线箭头的位置或 [引线基线优先(L)/内容优先(C)/选项(O)] <选项>:（在联轴器左套主视图上拾取一点）

指定引线基线的位置: （在适当的位置单击鼠标，弹出"文本编辑器"，输入"1"，关闭文本编辑器，完成序号1的标注）

重复【多重引线】命令，标注其他零件的序号，结果如图12-29所示。

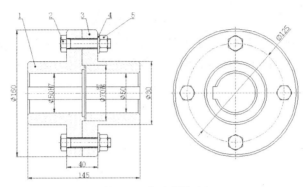

图12-29 标注零件序号

5. 创建参数表格

（1）设置表格样式。单击【常用】选项卡【注释】面板中的【表格样式】命令，弹出【表格样式】对话框。单击【新建】按钮，弹出【创建新的表格样式】对话框，在【新样式名】文本框中输入"明细表"，单击【继续】按钮，弹出【新建表格样式：明细表】对话框，在【单元样式】下拉列表框中选择"数据"选项，在【常规】选项卡的【特性】选项组中设置【对齐样式】为"正中"，在【文字】选项卡中设置【文字高度】为"5"，如图12-30所示。

（2）插入表格。单击【常用】选项卡【注释】面板中的【表格】命令，弹出【插入表格】对话框，在【列和行设置】选项组中设置【列数】为"15"、【列宽】为"10"、【数据行数】为"6"、【行高】为"1"；在【设置单元样式】选项组中选择【第一行单元样式】、【第二行单元样式】和【所有其他行单元样式】都为"数据"，如图12-31所示。单击【确定】按钮，将表格放置到视图中适当位置。

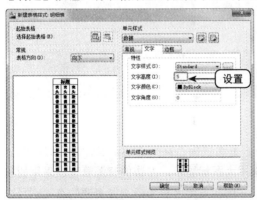

图12-30 【新建表格样式：明细表】对话框

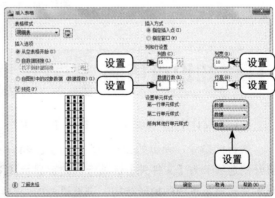

图12-31 【插入表格】对话框

（3）合并单元。按住【Shift】键，选中要合并的表格，弹出【表格】选项板。单击【表格单元】选项卡【合并】面板中的【合并单元】命令，整理后的表格如图12-32所示。

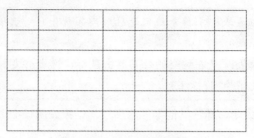

图12-32　整理后的表格

（4）填写零件明细。单击【常用】选项卡【注释】面板中的【多行文字】命令Ａ，在表格中填写零件明细表，如图12-33所示。重复【多行文字】命令，标注技术要求。最终结果如图12-34所示。

5	螺母	4	45钢	GB6172-86
4	垫圈	4	45钢	GB848-85
3	右盖	1	ZG35	
2	螺栓	4	45钢	GB5783-86
1	左盖	1	ZG35	
序号	名称	数量	材料	标准	备注

图12-33　零件明细表

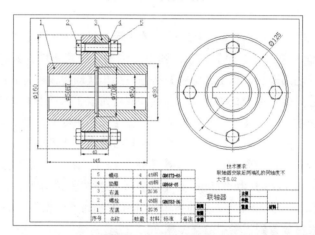

图12-34　标注技术要求

知识点拓展

[1] 设计中心（adcenter，快捷命令adc）

执行此命令，弹出如图12-35所示的【设计中心】选项板。第一次启动设计中心时，默认打开的选项卡为【文件夹】选项卡。内容显示区采用大图标显示，左边的资源管理器采用树状显示方式显示系统的树形结构。浏览资源的同时，在内容显示区显示所浏览资源的有关细目或内容。

可以利用鼠标拖动边框的方法来改变AutoCAD设计中心资源管理器和内容显示区以及AutoCAD绘图区的大小，但内容显示区的最小尺寸应能显示两列大图标。

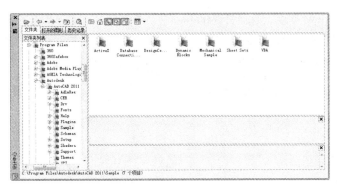

图12-35 【设计中心】选项板

◆ 【文件夹】选项卡：显示设计中心的资源，如图12-35所示。该选项卡与Windows资源管理器类似。【文件夹】选项卡显示导航图标的层次结构，包括网络和计算机、Web地址（URL）、计算机驱动器、文件夹、图形和相关的支持文件、外部参照、布局、填充样式和命名对象，包括图形中的块、图层、线型、文字样式、标注样式和打印样式。

◆ 【打开的图形】选项卡：显示在当前环境中打开的所有图形，其中包括最小化了的图形，如图12-36所示。此时选择某个文件，就可以在右侧的显示框中显示该图形的有关设置，如标注样式、布局块、图层外部参照等。

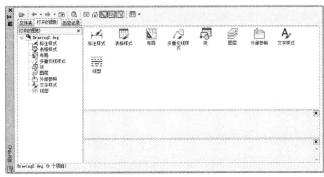

图12-36 【打开的图形】选项卡

◆ 【历史记录】选项卡：显示用户最近访问过的文件，包括这些文件的具体路径，如图12-37所示。双击列表中的某个图形文件，可以在【文件夹】选项卡的树状视图中定位此图形文件并将其内容加载到内容区域中。

图12-37 【历史记录】选项卡

◆ 【加载】按钮：加载对象。单击该按钮，打开【加载】对话框，用户可以利用该对话框从Windows桌面、收藏夹或Internet网页中加载文件。

◆ 【搜索】按钮 ：查找对象。单击该按钮，打开【搜索】对话框，如图12-38所示。

图12-38 【搜索】对话框

◆ 【收藏夹】按钮 ：在【文件夹列表】中显示Favorites\Autodesk文件夹中的内容，用户可以通过收藏夹来标记存放在本地磁盘、网络驱动器或Internet网页中的内容。

◆ 【主页】按钮 ：快速定位到设计中心文件夹中，该文件夹位于"\AutoCAD 2011\Sample"下，如图12-39所示。

〔 2 〕多重引线样式 （mleaderstyle）

执行此命令，弹出如图12-40所示的【多重引线样式管理器】对话框。

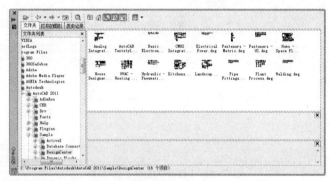

图12-39 主页

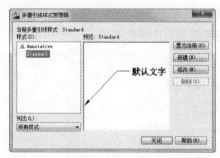

图12-40 【多重引线样式管理器】对话框

选项说明如下。

◆ 置为当前：单击此按钮，将【样式】列表中选中的多重引线样式设置为当前样式。

◆ 新建：单击此按钮，弹出【创建新多重引线样式】对话框，从中可以定义新多重引线样式。

◆ 修改：单击此按钮，弹出【修改多重引线样式】对话框，从中可以修改多重引线样式。

◆ 删除：单击此按钮，删除【样式】列表中选中的多重引线样式，不能删除图形中正在使用的样式。

◆ 列出：控制【样式】列表的内容。

所有样式：选择此选项，可显示图形中可用的所有多重引线样式。

正在使用的样式：选择此选项，仅显示被当前图形中的多重引线参照的多重引线样式。

［ 3 ］ 多重引线（mleader）

执行此命令，命令行提示如下。

> 指定引线箭头的位置或［引线基线优先(L)/内容优先(C)/选项(O)］<选项>：

◆ 引线箭头的位置：指定多重引线对象箭头的位置。

◆ 引线基线优先：指定多重引线对象的基线的位置。如果先前绘制的多重引线对象是基线优先，则后续的多重引线也将先创建基线（除非另外指定）。

◆ 内容优先：指定与多重引线对象相关联的文字或块的位置。如果先前绘制的多重引线对象是内容优先，则后续的多重引线对象也将先创建内容（除非另外指定）。

◆ 选项：指定用于放置多重引线对象的选项。

专业知识详解

联轴器属于机械通用零部件范畴，是用来连接不同机构中的两根轴（主动轴和从动轴）并使之共同旋转以传递扭矩的机械零件。在高速重载的动力传动中，有些联轴器还有缓冲、减震和提高轴系动态性能的作用。联轴器由两部分组成，分别与主动轴和从动轴连接。一般动力机大都借助于联轴器与工作机相连接，是机械产品轴系传动最常用的连接部件。

本例介绍的联轴器是最简单的联轴器，但是它诠释了联轴器的最基本的原理。本实例所绘的是凸缘联轴器，属于刚性联轴器，把两个带有凸缘的半联轴器用普通平键分别与两轴连接，然后用螺栓把两个半联轴器连成一体，以传递运动和转矩。这种联轴器有两种主要的结构形式：靠铰制孔用螺栓实现两轴对中，靠螺栓杆承受挤压与剪切来传递转矩；靠一个半联轴器上的凸肩与另一个半联轴器上的凹槽相配合而对中。连接两个半联轴器的螺栓可以采用A级和B级的普通螺栓，转矩靠两个半联轴器结合面的摩擦力矩来传递。

凸缘联轴器的材料可用灰铸铁或碳钢，重载时或圆周速度大于30m/s时应用铸钢或锻钢。凸缘联轴器对两轴对中性的要求很高，不具有补偿被联两轴轴线相对偏移的能力，也不具有缓冲减震性能；当两轴有相对位移存在时，就会在机件内引起附加载荷，使工作情况恶化，这是它的主要缺点。但由于结构简单、成本低、可传递较大转矩，故当载荷平稳、转速稳定、能保证被联两轴轴线相对偏移极小的情况下，才可选用。

［ 1 ］ 联轴器的分类

（1）刚性联轴器

刚性联轴器不具有补偿被联两轴轴线相对偏移的能力，也不具有缓冲减震性能；但结构简单、价格便宜。只有在载荷平稳，转速稳定，能保证被联两轴轴线相对偏移极小的情况下，才可选用刚性联轴器。

（2）挠性联轴器

具有一定的补偿被联两轴轴线相对偏移的能力，最大量随型号不同而异。

（3）安全联轴器

在结构上的特点是存在一个保险环节（如销钉可动连接等），其只能承受限定载荷。当实际载荷超过事前限定的载荷时，保险环节就发生变化，截断运动和动力的传递，从而保护机器的其余部分不致损坏，即起安全保护作用。

如果细分，联轴器的种类有很多，而且性能各异。在众多的联轴器中选择出符合机器性能的联轴器，也需要长期经验积累。

〖2〗联轴器的选用程序

（1）选用标准联轴器

设计人员在选择联轴器时首先应在已经制定为国家标准、机械行业标准以及获国家专利的联轴器中选择，只有在现有标准联轴器和专利联轴器不能满足设计需要的情况下才自己设计联轴器。标准联轴器选购方便，价格比自行设计的非标准联轴器要便宜很多。对于机械里面其他的标准件也是这个原则，即只有现有的标准件不能满足设计需要时，才自己设计。

（2）选择联轴器品种、形式

选择的联轴器品种、形式前，需要了解联轴器在传动系统中的综合功能，应根据传动系统总体设计考虑。根据原动机类别和工作载荷类别、工作转速、传动精度、两轴偏移状况、温度、湿度、工作环境等综合因素选择联轴器的品种，根据配套主机的需要选择联轴器的结构形式。当联轴器与制动器配套使用时，宜选择带制动轮或制动盘形式的联轴器。需要过载保护时，宜选择安全联轴器。与法兰连接时，宜选择法兰式。长距离传动，连接的轴向尺寸较大时，宜选择接中间轴型或接中间套型。

（3）联轴器转矩计算

传动系统中动力机的功率应大于工件机所需功率。根据动力机的功率和转速，可计算得到与动力机相连接的高速端的理论短矩T。根据工况系数K及其他相关系数，可计算联轴器的计算转矩T_c。联轴器的T与n成反比，因此低速端T大于高速端T。

（4）初选联轴器型号

根据计算所得的转矩T_c，从标准系列中可选定相近似的公称转矩T_n，选型时应满足$T_n \geqslant T_c$。初步选定联轴器型号，从标准中可查得联轴器的许用转速$[n]$和最大径向尺寸D、轴向尺寸L_0，就满足联轴器转速$n \leqslant [n]$。

根据轴径调整型号。初步选定的联轴器连接尺寸，即轴孔直径d和轴孔长度L，应符合主、从动端轴径的要求，否则还要根据轴径d调整联轴器的规格。主、从动端轴径不相同是普通现象，当转矩、转速相同，主、从动端轴径不相同时，应按大轴径选联轴器型号。轴孔长度按联轴器产品标准的规定选择。

（5）选择连接形式

联轴器连接形式的选择取决于主、从动端与轴的连接形式，一般采用键连接，为统一键连接形式及代号，在GB/T 3852中规定了七种键槽形式、四种无键连接，用得较多的是A型键。

（6）选定联轴器品种、形式、规格

根据动力机和联轴器载荷类别、转速、工作环境等综合因素，选定联轴器品种；根据联轴器的配套、连接情况等因素选定联轴器形式；根据公称转矩、轴孔直径与轴孔长度选定规格。为了保证轴和键的强度，在选定联轴器型号后，应对轴和键强度做校核验算，以最后确定联轴器的型号。

（7）选择合适的品牌的产品

在满足实际工况的情况下，选择性价比高的产品，因为工业生产是需要计算成本的。

〔 3 〕联轴器的润滑保养

实际的生产中，机器的保养是必需的，也是非常必要的。而且哪里需要润滑油，用什么型号的，多长时间用一次，都是有严格要求的。下面对联轴器保养进行简单说明，仅作参考。

（1）十字滑块式联轴器

最高圆周速度约30m/s，用2号润滑脂润滑，中间滑块的旷地空闲装满脂，换脂周期为1000h，适合采用球轴承脂。用N220齿轮油润滑，中间滑块的旷地空闲装满油，换油周期1000h，有时采用浸满油的毛毡垫。

（2）牙嵌式联轴器

最高圆周速度约150m/s，用N150、N220齿轮油润滑，要求有足够的流量，沿轴向连续地通过联轴器，无密封。

（3）盘式弹簧联轴器

最高圆周速度约60m/s，用2号或3号润滑脂润滑，用量为装满联轴器，换脂周期为12个月，对密封要求不严；最高圆周速度约150m/s，用N150、N220齿轮油润滑，要求有足够的流量，沿轴向连续地通过联轴器。

（4）弹簧片式联轴器

最高圆周速度约30m/s，用1号润滑脂润滑，用量为装满联轴器，换脂周期为1000h，对密封要求不严。

〔 4 〕联轴器尺寸、安装与维护

机器设备都需要定期维护，难免要把零部件拆下来维护，还要安装上去，所以机器零件必须有一个合适的机器设备允许的安装空间，当然也必须有扳手的空间，这是我们最容易忽略的。联轴器外形尺寸，即最大径向和轴向尺寸必须在机器设备允许的安装空间以内。一般选择装拆方便、不用维护、维护周期长或维护方便、更换易损件不用移动两轴、对中调整容易的联轴器。由于大型机器设备调整两轴对中较困难，应选择使用耐久和更换易损件方便的联轴器。否则，维护工作工作量大，将增加辅助工时，而且减少了有效工作时间，影响生产效益。维护设备就要影响正常的生产，所以对不同的工况，选择维护时间不同的联轴器也是在选择联轴器时必须和主要考虑的因素。假设都可以满足同样工况，A品牌联轴器比B品牌联轴器便宜许多，A牌的要一个月维护一次，B牌的半年维护一次，那我们就应该选择B牌的。

〔 5 〕安装中的找正

机械制图中两轴在一条中心线就算是同心了，但在实际生产中，找正是件不容易的事情。

（1）简单的方法

找正时就用一断锯条，先用断锯条紧贴在一半联轴器外圆上，看另一半联轴器外圆是否与前一半联轴器同心，然后在90°方向上再测，以此来找正。

（2）利用千分表

把千分表表座固定在一个半联轴器上，将千分表调整到零位，转动千分表压住的半联轴器，如转动一圈后，千分表的最大跳动值不超过0.05mm（不同工况，要求不同），则两轴同轴；否则就要进行上述过程的调整，直到合格为止。

任务 2 绘制焊接涡杆轴装配图

任务参考效果图

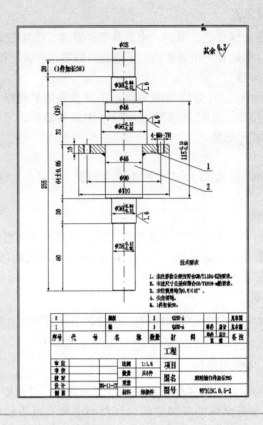

任务背景

装配图是生产中重要的技术文件。它表示机器或部件的结构形状、装配关系、工作原理和技术要求。本实例的焊接涡杆轴为某齿轮加工厂的小批量新产品，因厂里产品系列中已经有挡板与涡杆轴的定型零件，且已大批生产。所以本实例中焊接涡杆轴完全可以采用两个零件焊接装配来生产。这样不仅节约成本而且涡杆轴与挡板可以采用不同的材料，更加保证了涡杆轴的使用强度。

任务要求

装配图用于涡杆轴装配图装配时，可根据装配图把零件装配成部件或机器；同时，装配图又是安装、调试、操作和检验机器或部件的重要参考资料。本实例为绘制焊接涡杆轴的装配图。由于本装配图不是制造零件的直接依据。因此本装配图中不需标注出零件的全部尺寸，而只需标注一些必要的规格与装配尺寸。除零件尺寸外，装配图还需有零部件序号、明细栏和技术要求。

任务分析

焊接涡轮轴装配图是比较简单的装配图的实例。本实例的制作思路为：首先通过完成的零件图修改后生成装配图所用图块，然后分别将零件图的图块选择合适的位置插入装配图中，再进行尺寸和引出序号的绘制，最后添加标题栏和明细栏。